PMBOK
第7版
対応版

プロジェクト
マネジメント標準
PMBOK入門

広兼 修［著］

Ohmsha

本書を発行するにあたって、内容に誤りのないようできる限りの注意を払いましたが、本書の内容を適用した結果生じたこと、また、適用できなかった結果について、著者、出版社とも一切の責任を負いませんのでご了承ください。

はじめに

　本書はプロジェクトマネジメントのデファクト・スタンダードといえる PMBOK® について、基本用語の解説から実際の現場での使い方など、具体的な事例を挙げながらわかりやすく解説した書籍です。おかげさまで、本書はこれまでに 4 回の改訂および多くの増刷を重ね、社会人の方だけでなく、プロジェクトマネジメントを学ぶ学生の方々にも利用していただきました。このたび、PMBOK が第 7 版に改訂されたことに伴い、本書も全面的な改訂に取り組み、第 5 版を発行させていただくことになりました。

　準備もせず、計画も立てず、ガイドもつけず、勘だけを頼りに、道なきジャングルを目的地へ向けて進むことは、勇気ある行いではなく、無謀です。プロジェクトマネジメントを理解せず、過去の経験と勘だけを頼りにプロジェクトを進めていくことも、これと同様です。本書を一読し、PMBOK を用いたプロジェクトマネジメントを実践すれば、プロジェクト成功へ向けた着実な一歩を踏み出せるものと確信しています。

　本書の執筆にあたり、株式会社 Altus-Five の佐藤円社長、元同僚の上見雅孝さん、福島豊さん、株式会社フュージョンの共同経営者である本部政利さん、および社員の皆さんに多大なご協力をいただきました。心より感謝申し上げます。また本書の出版社であるオーム社の橋本様をはじめとする多くの方々の根気強いサポートがなければ、本書は世の中に出ることができませんでした。誠にありがとうございました。

　なお本書は、PMBOK ガイド® 第 7 版 + プロジェクトマネジメント標準の日本語版に準じて記述しています。

　2022 年 11 月

株式会社フュージョン　広兼　修

目 次

第 7 章 PMBOKを利用したプロジェクトマネジメント実践 **テスト・移行フェーズ** **175**

本文イラスト：16snow

プロジェクトマネジメントの世界へようこそ

　近年、「プロジェクト」という用語を目にする機会は増えていませんか？「働き方改革プロジェクト」「ペーパーレスプロジェクト」「新サービス開発プロジェクト」など、企業や組織はさまざまなプロジェクトに取り組んでいます。「映画制作プロジェクト」「町おこしプロジェクト」など、仕事以外でもプロジェクトという用語が利用される場面は増えています。

　あなたがプロジェクトの第三者であれば、どんな結果になるのかワクワク期待するかもしれません。しかし、あなたがプロジェクトを企画・運営する当事者になったら、同じようにワクワクしていられますか？　期待のワクワクした感情もあるかもしれませんが、「プロジェクトを成功に導けるのだろうか？」「成功できなかったら責任をとらなければならないのかな？」「そもそも何をすればいいのだろう？」と考えると、不安のドキドキした感情のほうが強くなるのではないでしょうか？

　この不安の感情を静め、「このような行動をすればいいのか！」「何とかプロジェクトを成功に導けそうだぞ！」といった自信をメラメラと燃え上がらせるのに役立つのが、プロジェクトマネジメントです。

　本書を読み始めたあなたは、プロジェクトを成功に導けるプロジェクト・マネジャーに向け、一歩踏み出しました。このまま本書を読み進めてプロジェクトマネジメントの知識・スキルを習得し、企業や社会貢献の一翼を担えるようになりませんか？

　本書は、プロジェクトを計画通りかつ成功裡に終えるために利用するプロジェクトマネジメントについて解説しています。その中でもプロジェクトマネジメントの世界で標準となりつつある PMBOK（Project Management Body of Knowledge）を用いたプロジェクトマネジメントについて、身の回りで行われるプロジェクトを題材として概要を説明するものです。

本書の想定読者

　本書は、以下のような方を想定読者と考えています。

①プロジェクトの経験がない方、または経験は多少あるが、あらためてゼロから学びたい方
②プロジェクトの経験はあるが、「プロジェクトマネジメント」と言われても、何をすればよいのかわからない方
③プロジェクト・マネジャーの経験はあるが、
- 自己流で行ったため問題や不安が多かった方

- 今後もプロジェクト・マネジャーを担うことが想定されるため、あらためて体系的にプロジェクトマネジメントを勉強してみたい方
- PMBOK の概要を知り、部分的にでも自分の仕事に役立てたい方

④「プロジェクトマネジメント標準　PMBOK入門PMBOK第6版対応版」の読者で、PMBOK 第 7 版の変更点を知りたい方

本書は PMBOK の概要を説明することに重点を置いているため、PMBOK のすべてを詳細に解説しているわけではありません。PMP® (Project Management Professional) の資格取得を目指している方は、別の書籍や資料が必要です。しかし、本格的に PMBOK の勉強を始める前に本書を一読すれば、PMBOK の全体像を理解でき、その後の勉強が進めやすくなります。

■ 本書の構成

　本書は、以下のような構成になっています。

第 1 章　プロジェクトに関する基礎知識

　プロジェクトに関する一般的事項について説明します。「プロジェクト」という仕事の進め方に馴染みがない方は、まずこの章の内容を十分に理解してください。また PMBOK 第 6 版からの主な変更点を紹介しています。PMBOK およびその最新版である PMBOK 第 7 版の概要を知りたい方や第 6 版との大きな相違点を知りたい方は、この章の内容を把握してください。

第 2 章　プロジェクトマネジメントの心得

　本書執筆時点での PMBOK の最新版である PMBOK 第 7 版で記述されている、12 の「プロジェクトマネジメントの原理原則」について、その概要や関連性を説明します。

第 3 章　プロジェクトマネジメント活動

　プロジェクトを成功に導くために行うプロジェクトマネジメントとして、どのような活動をすればよいか説明しています。この章の内容は、PMBOK 第 7 版の 8 つの「プロジェクト・パフォーマンス領域」を参考に記述しています。

第4章〜第8章　PMBOK を利用したプロジェクトマネジメント実践

　PMBOK 第7版のプロジェクトマネジメントの原理原則やプロジェクト・パフォーマンス領域の内容を、どのように利用するのか、時系列で説明しています。プロジェクトの例として、予測型アプローチ（ウォーターフォール）でシステム導入に取り組むプロジェクトを題材にしています。

付録　プロジェクト失敗の原因を探せ

　プロジェクトの失敗事例を題材として、その原因がどこにあったのか、プロジェクトマネジメントの何が不足していたのかを、関連する PMBOK 第7版のプロジェクトマネジメントの原理原則やプロジェクト・パフォーマンス領域を参照しつつ、設問形式で解説しています。これを読むことにより、本書の内容がきちんと理解できたか確認することができます。

　なお、本書は、PMI（Project Management Institute）が発行する『プロジェクトマネジメント知識体系ガイド　PMBOK® ガイド第7版＋プロジェクトマネジメント標準』（以下、「PMBOK7」と記述）および『プロジェクトマネジメント知識体系ガイド　PMBOK® ガイド第6版』（以下、「PMBOK6」と記述）の日本語版を参考に解説・説明を行っています。

本書の読み進め方例

　本書の読み進め方を、想定読者ごとに例示しました。

想定読者	読み進め方例
① プロジェクトの経験がない方	第1章をじっくり読み、用語などを理解してください。第2、3章は最初は読み流し、第4〜8章でプロジェクトマネジメントがどのような行動なのかを理解してください。
② プロジェクトマネジメントの経験がない方	第1章でプロジェクトの用語などを復習した上で、第2、3章を一読してください。次に、第4〜8章でプロジェクトマネジメントとはどのような行動なのかを理解し、付録でプロジェクトマネジメントの行動良否を理解してください。その後、第2、3章の再読をおすすめします。
③ プロジェクトマネジメントの経験がある方	第1章でプロジェクトの用語などを復習した上で、第2、3章をじっくり読んでください。次に、第4〜8章および付録で、これまでの自分のプロジェクトマネジメントとの相違点を認識してください。
④ PMBOK 第7版での変更点を知りたい方	第2、3章を中心に読み進めてください。必要に応じて、第4〜8章および付録で、PMBOK7 での相違点を確認してください。

図1　想定読者ごとの本書の読み進め方例

第1章

プロジェクトに関する
基礎知識

　第1章では、プロジェクトマネジメントを学ぶに先立ち、まずプロジェクト
とは何か、日々の仕事とは何が違うのかを説明します。次に、プロジェクトを成
功させるために生み出されたプロジェクトマネジメントおよびその世界標準と
なっている PMBOK について解説します。

1.1 プロジェクトとは

身の回りのプロジェクト

　　プロジェクトの事例は、インターネットで数多く紹介されています。「本州四国連絡橋の建設」「東京 2020 オリンピック」などは、日本国家として取り組んだプロジェクトの例です。

　　あなたの身の回りで行われたプロジェクトには、どのようなものがありますか？　「働き方改革推進プロジェクト」「新製品開発プロジェクト」など、企業ではさまざまな行動をプロジェクトと呼び、計画・推進しています。また学校における学園祭などのイベントの企画・運営もプロジェクトです。

　　一方、「生産計画に沿い、定められた手順通りに製品を組み立てる」生産業務や「顧客の注文をもとに倉庫で商品をピッキングし、指定された送付先に出荷する」出荷業務などは定常業務と呼ばれ、プロジェクトではありません。また学生が日々授業へ出席・聴講する行動も、プロジェクトではありません。世の中で日々行われていることの多くは、「プロジェクト」ではないのです。

　　そもそもプロジェクトとは、何でしょうか？

プロジェクトの定義

　　PMBOK では、「独自のプロダクト、サービス、所産を創造するために実施する有期的な業務」をプロジェクトと定義しています。言い換えると、『独自性』があるプロダクト、サービス、所産などの成果物を創造する行動のうち、『有期性』という特徴を持つ業務がプロジェクトです。

　　所産とは、あることの結果として生み出されたもののことです。これはモノだけでなく、経験や知見、感動などの目に見えないものも含みます。

独自性

　　これまでに誰も実施したことがない、または過去に同じようなことを実施していても手順や方法、作業環境などに違いがある場合、独自性があるといいます。

　　オンライン会議システムの導入は、導入するソフトウェアは同じでも、利用する社員数や IT 環境、IT リテラシーなどが企業ごとに異なり、検討・考慮すべき点に違いがあるため、独自性があるといえます。

　　一方、工場の生産ラインでの日々の製品組立作業は、その手順や作業方法

は事前に定められており、製品 1 台ごとの違いはないため、独自性があるとはいえません。

有期性

明確な開始と終了がある場合、有期性があるといいます。

オリンピックで利用するための競技場の建設は、オリンピック開始前には完成が必須という明確な期限があるため、有期性があります。

一方、工場の生産ラインでの定番菓子の生産は、通常その商品が売れ続ける限り生産を続けるため、有期性はありません。

ちなみにプロジェクトの期間は、数週間で終わる場合もあれば、新幹線建設のように数十年にわたる場合もあり、プロジェクトにより異なります。

成果物

プロジェクトで作成するプロダクト、サービス、所産などを指します。なお、成果物は『モノ』に限定されません。イベントなどの『開催』やサービス提供ができるようになるための『教育』などの成果も、成果物の一種となります。

成果物が顧客やユーザーなど（後述：ステークホルダー）の要望を満たし、満足をもたらす度合いが価値です。同じ成果物でも、どのくらいの価値を感じるかは、顧客やユーザーなどにより異なります。このため、成果物がそれぞれの顧客やユーザーなどにどのくらいの価値を与えるかを推定し、プロジェクト実施の是非や進め方を判断します。

また成果物が顧客やユーザーなどに価値をもたらすことで、プロジェクトのスポンサー（後述）が獲得する価値は、事業価値と呼びます。

プロジェクトと定常業務の違い

上記の「独自性」「有期性」という特徴により、ビジネスや日常の業務は、図 1.1 のように整理できます。

（独自性：過去実施の業務と違いがあるか否か）
（有期性：明確な開始と終了があるか否か）

		独自性	
		あり	なし
有期性	あり	【プロジェクト】 本州四国連絡橋建設プロジェクト 東京2020オリンピックプロジェクト 働き方改革推進プロジェクト 新製品開発プロジェクト 20xx年学園祭プロジェクト	【季節業務など】 在庫棚卸業務 決算処理業務 期末テスト 健康診断
	なし	【発明、工夫など】 画期的な技術の発明 効率的なメールチェックの工夫 机の上の文具などの配置見直し 趣味の創作活動	【定常業務】 生産業務 出荷業務 授業出席・聴講

図 1.1　業務の分類

日々行っている行動の多くは、「定常業務」だと気付きませんか？　定常業務により生産された食品を食べ、定常業務により製造された製品を利用し、多くの人は日々暮らしています。何か新しい製品やサービスを開発するときや既存の仕組みなどを大きく改革・改善するときに、「プロジェクト」を行います。

しかし、業種・業界によっては、日々の行動が「プロジェクト」です。例えば、コンピュータ業界のシステム開発プロジェクト、または建設業界のビル建設プロジェクトなどです。

プロジェクトの目的・目標

プロジェクトの定義で記述したように、プロジェクトは企業や組織などが新しい成果物を得るために、期限を決めて取り組む活動です。お金や人材などの経営資源も多く使います。では何のために実施するのでしょうか？　それを明記したのが目的です。

例えば、「ペーパーレス・プロジェクト」といっても、企業によって目的は異なります。紙の利用を減らし、紙購入費や印刷費、保管費などの費用を削減することを目的に取り組む企業もあれば、紙の回付に伴う作業や時間を削減するために取り組む企業もあります。在宅ワークを推進するために、作業場所の制約が出てしまう紙を廃止したいと考えている企業もあります。

　何のためにプロジェクトを実施するのか？　実施することにより、最終的に獲得したい事業価値は何なのか？　プロジェクトの目的を明文化することは、プロジェクトを開始するための第一歩です。

　目標は、目的達成の道程における具体的な評価指標です。1つだけとは限りません。段階的に定める場合もあります。何を、いつまでに、どの程度、実現するかを明記します。

　ペーパーレス・プロジェクトの場合、紙をいつまでに、どの程度減らすのかを明確に定めます（図1.2）。これを定めないと、「できる範囲で減らす」という努力目標となってしまい、達成できたのか否か判断できません。また企業で利用する紙といっても、社内で利用する申請書なのか、取引先に送る納品書や請求書なのか、経営会議などで利用する管理資料なのかにより、削減の進め方も異なります。具体的にどのような紙を減らすのかを明確にすることで、具体的な対策や計画を検討しやすくなります。そのため、目標は具体的に明記することをおすすめします。

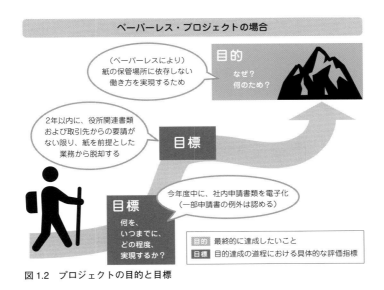

図1.2　プロジェクトの目的と目標

プロジェクトの成功・失敗

　先に説明したように、プロジェクトには期限があります。しかし、その期限内に期待通りの目標を達成し、皆が満足した状態で終えられるとは限りま

せん。目標を達成したけれど予定以上の期間や費用がかかった場合や、一部目標を達成したけれど途中で中止した場合もあります。では、どのような結果で終われば、プロジェクトは成功したといえるのでしょうか？

　プロジェクトの成功・失敗は、プロジェクトで合意されたさまざまな制約条件を満たし、定められたプロジェクトの目的に沿った目標が達成されたかどうかによって決まります。

プロジェクトの制約条件

　制約条件には「品質」「スケジュール」「コスト」などがあります。どの制約条件が、どの程度重視されるかはプロジェクトによります。

品質

　プロジェクトの成果物が、要求を満たしている度合いのことです。

　製品開発プロジェクトで、消費者の要望を満たす価値ある機能を持つ製品を開発できたとしても、クレームが多発するほど故障しやすい製品であれば、消費者は機能の価値を十分には感じることができません。

スケジュール

　プロジェクトの成果物や成果を完成させる期限のことです。

　オリンピックによる観光客増大を目論んだホテルの増床工事プロジェクトでは、オリンピック開始までに増床工事が終わらなければ意味がなく、オリンピック開催時点で未完成の場合、プロジェクトは失敗となります。

コスト

　プロジェクトを遂行するのに費やすお金（費用）のことです。

　物流費を削減することが目標の自動倉庫建設プロジェクトでは、予定以上に倉庫の建設費用や機器の導入費用がかかった場合、期待していた投資対効果が得られなくなるため、プロジェクトは失敗となります。

　以上のことから、品質とスケジュールが目標として定められたプロジェクトの場合、「期待通りの成果物を完成するのに予定より大幅に遅れてしまったけれど、皆で頑張り、いろいろなことを学べたからプロジェクトは成功だよ」という言葉は、心情的には理解できますが、正しくはありません。

　「期待通りの成果物の完成が予定より大幅に遅れてしまったのでプロジェク

トとしては失敗だ。しかし、皆の頑張りには感謝したい。また、プロジェクトからいろいろな教訓を学べたという別の成果はあったと思う」というべきです。

　プロジェクトの成功・失敗は、あくまでも合意された制約条件を満たし、目標を達成できたかどうかによって判断されるのです。

■ プロジェクトの登場人物

　プロジェクトには、通常多くの人が関係します。その中で、よく登場する人およびその役割などを紹介します。

スポンサー

　プロジェクトの資金や資源などを確保・提供する人または組織のことを指します。プロジェクト・オーナーと呼ぶ場合もあります。プロジェクトの規模などによって異なりますが、多くの場合は役員や部長職以上のプロジェクト予算に責任を持つ人、またはプロジェクトに対して資金を提供する企業を指します。

プロジェクト・マネジャー

　プロジェクトの目標の達成に責任を持つ人です。プロジェクト・マネジャーの振る舞いは、プロジェクトの成否を大きく左右します。プロジェクトの規模や組織によって異なり、企業の役員が担う場合もあれば、部長や課長が担う場合もあります。

　また、プロジェクト・マネジャーの権限も、プロジェクトを発足した組織によって異なります。

　例えば、企業の機能部門とは関係せず、プロジェクト・マネジャーが経営者に直接報告を行う「プロジェクト型」と呼ばれる組織構造の場合、プロジェクト・マネジャーの権限は非常に大きく、要員を含めた資源の調達や予算内での決済が認められています。逆に、企業の機能部門の下にプロジェクトが設置されるような「機能型」と呼ばれる組織構造の場合、プロジェクト・マネジャーの権限は限定されます。プロジェクト型と機能型を複合させた「マトリックス型」と呼ばれる組織構造もあり、この形式の場合、制限はあるもののある程度の権限が与えられます。

　また企業によっては、この組織構造とは一致しない暗黙の権限規程が存在する場合もあります。特に人事権および決裁権については、制限される場合

が多くあります。

　上記のような理由から、自分がプロジェクト・マネジャーになった場合は、どのような権限と責任があるのか、明確にしておく必要があります。

プロジェクトマネジメント・オフィス

　複数プロジェクト間の調整やプロジェクトのマネジメントを支援する組織やグループのことを、プロジェクトマネジメント・オフィス（PMO：Project Management Office）と呼びます。ただし、PMO の役割、権限、支援内容などは企業により差異があるので、各プロジェクトで確認が必要です。

プロジェクトマネジメント・チーム

　プロジェクト・マネジャーを含め後述するプロジェクトマネジメント活動に直接関わる人たちを、プロジェクトマネジメント・チームと呼びます。

　プロジェクトの規模が大きくなると、当然マネジメントすべき内容も増え、1 人のプロジェクト・マネジャーでは処理しきれなくなります。そこでプロジェクト・マネジャーを支援する役割、例えばサブ・マネジャーや PMO などを設け、複数人でプロジェクトマネジメントを実施します。

プロジェクト・チーム・メンバー

　プロジェクトマネジメント・チームの指示に従い、プロジェクトの目標達成に向け作業を実施する人です。例えば、システム開発プロジェクトの場合は設計者やプログラマーなどを指します。

プロジェクト・チーム

　プロジェクト・マネジャー、プロジェクトマネジメント・チーム、プロジェクト・チーム・メンバーなど、プロジェクトの目標達成に向けプロジェクトマネジメント活動やプロジェクト作業を実施する組織を、プロジェクト・チームと呼びます。

ステークホルダー

　プロジェクトの意思決定、活動または成果に、影響を及ぼしたり、影響を及ぼされたりする人や組織などを、ステークホルダーと呼びます。

　例として、あるペーパーレス・プロジェクトの、各ステークホルダーの関係を図 1.3 に示します。

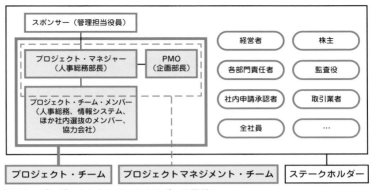

図1.3　プロジェクトとステークホルダーの関係

　プロジェクトの資金や資源などを確保・提供するスポンサーは、プロジェクトに大きな影響を及ぼせるので主要なステークホルダーです。プロジェクトマネジメント活動やプロジェクト作業を実施するプロジェクト・チームに所属する人は、その活動の良否によりプロジェクトに影響を及ぼすのでステークホルダーです。プロジェクト実施の結果である成果物を利用する顧客やユーザーも、プロジェクトに影響を及ぼされる人なのでステークホルダーになります。さらに、プロジェクト作業は担わないけれど、直接または間接的にプロジェクトを支援してくれる人もステークホルダーです。

　一方、プロジェクトの活動内容や成果に要望を出す、また納得しておらずクレームを言う、あるいは利害関係があり直接または間接的にプロジェクトを邪魔する人や組織も、プロジェクトに影響を及ぼす可能性がある場合はステークホルダーになります。

　また、プロジェクトでは資金や人材などを利用するために、企業の人事や会計などの機能部門の協力・調整も必要になります。プロジェクトで創り出したプロダクトやサービスを定常業務として生産・運用する場合、製造や運用などの事業部門との調整・引き継ぎが必要になります。プロジェクトを推進する上で、外部協力会社や仕入業者などの社外のビジネス・パートナーに協力を要請する場合もあります。このため機能部門や事業部門の責任者、ビジネス・パートナーもステークホルダーとなります。

1 2 プロジェクトマネジメントとは

プロジェクトマネジメントの定義

　PMBOK では、「プロジェクト要求事項を満たすために、知識、スキル、ツールと技法をプロジェクト活動へ適用すること」をプロジェクトマネジメントと定義しています。言い換えると、プロジェクトを成功させるために知識やスキルなどを利用した活動がプロジェクトマネジメントです。

プロジェクトマネジメントの必要性

　プロジェクトマネジメントは、前述のようなプロジェクトを成功に導くために活用されています。では定常業務で行うマネジメントとは何が違うのでしょうか？　なぜプロジェクトでは、プロジェクトマネジメントが必要とされているのでしょうか？

　生産ラインでの製品組立は定常業務です。事前に定めた手順や方法で、生産台数分の作業を繰り返します。製品を計画通り生産するには、作業指示や作業監視などのマネジメントが必要になります。ただし、今日行った作業やマネジメントに大きな問題がなければ、明日以降に行うべき作業やマネジメントを変える必要はありません。

　一方、プロジェクトには独自性や有期性という特徴があるため、世の中に同じプロジェクトは 2 つとしてなく、過去に成功したプロジェクトと同じようなマネジメントを行ったとしても、プロジェクトが成功する保証はありません。似たようなプロジェクトでも、プロジェクトごとに作成する成果物や成果、制約条件などが異なるため、それらを考慮して作業やマネジメントを検討・実施する必要があります。

　つまり各プロジェクトに固有の事項を考慮したマネジメントが必要なのです。それがプロジェクトマネジメントです。

　例えば、アフリカ内陸地への物流ネットワークを構築するプロジェクトの場合、どのような経路で運べばよいのか、現地での通関作業にはどのような書類が必要なのか、山奥までの輸送は誰に依頼すればよいのかなど、まずは何を検討し決めるべきか作業を洗い出す必要があります。その上で作業の実施計画を立て、関係者に作業指示するなどのプロジェクトマネジメントを行う必要があります。

　しかし、何度か同じ場所・同様製品の輸出が滞りなくできると、通関書類作成などの作業は定型化でき、輸出ごとに検討すべきことは減ります。この状態では、この輸出業務はプロジェクトではなく定常業務となり、マネジメント方法についてもプロジェクトマネジメントの必要性がなくなります。

■ プロジェクトマネジメントによる効果

　適切なマネジメントが行われているプロジェクトでは、作業開始前までにプロジェクトで行うべき作業やその担当者、想定工数がプロジェクト計画書に記載され明確になっています。また、作業に問題が発生した場合の対応方法も明確になっており、適切な手順に従って対処・対応が行われます。プロジェクトの進捗や費用の発生状況は逐次監視され、計画からずれが発生した場合は、適宜対応を行います。このため、「いつ成果物が完成するのか」「いくら費用がかかるのか」などを予測できます。

　プロジェクトマネジメントができているプロジェクトとは、家を出てから目的地に着くまでの予定がしっかり計画されている旅行のようなものです。何時に家を出て、何時に駅に着き、何時の電車に乗ればよいのか、電車の切符はいくらかなどを事前に調べてあり、その場で慌てて調べたりする必要はありません。また行ったことがない場所だと道に迷うなど不確かな状況に遭う可能性もあるため、目的地の連絡先などをメモしてあります。

　一方、プロジェクトマネジメントができていないプロジェクトは、目的地だけを決めて準備なく家を出る旅行に相当します。駅に着いて時刻表を見て初めて、目的地方面に向かう電車が出発する時間を知ります。運が良ければあまり待たずに済みますが、タイミングが悪いと駅で長時間待つことになります。何時に目的地に着くかもわからず、手持ちのお金が途中で足りなくなるかもしれません。

　個人旅行では後者のような気ままな旅もよいかもしれませんが、さまざまな制約条件が課されているプロジェクトでは、「行き当たりばったりの行動」は許されません。前者のように、きちんと計画を立ててから目的地に向かうことが求められます。

1 3　プロジェクト要素の関連性

これまで紹介したプロジェクト要素の関連性を、図 1.4 に示します。

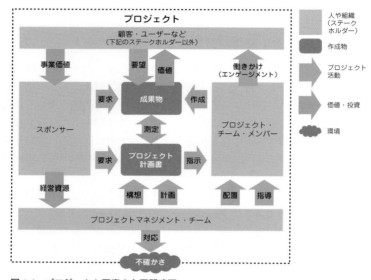

図1.4　プロジェクト要素の主要関連図

　『スポンサー』は、プロジェクトの目的である事業価値を得るために、プロジェクトマネジメント・チームに資金や人的資源などの経営資源を託すとともに、成果物の機能やプロジェクトの制約条件などの要求を提示します。

　『プロジェクトマネジメント・チーム』は、プロジェクトマネジメント活動として、要求された成果物を作成するための構想・計画を行い、プロジェクト計画書に記述します。また、スポンサーから託された人的資源をプロジェクト・チーム・メンバーとして配置するとともに、チームとして活躍できるよう指導を行った上で、プロジェクト計画書通りに作業を進めるよう指示を出します。その後、計画通りに作業が進み成果物が作成できているか適宜測定し、必要があれば計画の見直しなどを行います。またプロジェクトに各種影響をもたらす不確かさを識別し、必要に応じて対応します。

　『プロジェクト・チーム・メンバー』は、プロジェクト計画書に従い作業を進め、成果物を作成します。また顧客・ユーザーなどにプロジェクト状況の説明や要望を聞くなどの働きかけ（エンゲージメント）を行い、プロジェク

トが成功するよう協力を求めます。

『顧客・ユーザーなど』は、成果物がもたらす価値を享受できると、対価の支払いや業務改善によるコスト削減などの事業価値をスポンサーにもたらします。

スポンサーは、獲得した事業価値と投入した経営資源を計画値と比較し、プロジェクトの成功・失敗を判断します。

1 4 PMBOK とは

プロジェクトマネジメント知識体系

前述のように、プロジェクトには独自性という特徴があり、世の中に同じプロジェクトは 2 つとしてないため、プロジェクトごとにマネジメントを検討・実施すべきです。しかしプロジェクトに共通する、プロジェクト成功に必要な知識やスキルは存在すると考えられています。この考えをもとに、プロジェクトの成功率を高めるために必要な知識やスキルなどを集約・体系化したものを、プロジェクトマネジメント知識体系と呼びます。

プロジェクトマネジメント知識体系には、本書で参考にしている PMBOK 以外にも、P2M（Program & Project Management for Enterprise Innovation）、IPMA ICB®（IPMA Individual Competence Baseline）のように、業界や任意団体などが中心となり体系化しているものもあれば、企業内で独自に作成しているものもあります。

PMBOK と PMI

PMBOK（Project Management Body of Knowledge、日本では頭文字をとってピムボックと読まれることがあります）とは、1969 年に設立された世界最大のプロジェクトマネジメント団体である PMI（Project Management Institute）が体系化したプロジェクトマネジメント体系であり、世界のデファクト・スタンダードといっても過言ではありません。PMBOK は定期的に改訂が行われており、2021 年に第 7 版が発行されました。

PMI は、世界中に 300 以上の支部があり、約 70 万人の会員がいます（2022 年 10 月現在）。

PMBOK の利用を推奨する理由

　プロジェクトでよく問題になるのが、プロジェクトマネジメントに関する言葉の理解がメンバー間で異なるために発生するコミュニケーションミスです。

　前述のように、プロジェクトマネジメントの知識体系が世の中に多くあることも影響し、同じ企業や組織内であっても利用するプロジェクトに関する用語や定義に違いがある場合があります。この状態はプロジェクトを効率的に運営するためには好ましくないので、プロジェクト初期において用語や定義の統一を図ることが必要です。この際、企業固有の知識体系がなければ、プロジェクトマネジメント知識体系として最も広まっている PMBOK の用語で統一することは、妥当な選択だと考えます。

　PMBOK にプロジェクトマネジメントに関するすべての知識が網羅されているわけではありませんが、上記のような理由からプロジェクトマネジメントの基礎を学ぶのに PMBOK は最適だと筆者は考えています。

PMBOK の適用範囲

　PMBOK に記載されている内容は、多くのプロジェクトにおいて利用できる事項のみであり、業界特有の知識などは、PMIstandards+™ に一部掲載されていますが、網羅はされていません。業界特有のプロジェクトマネジメントが必要であれば、その手法を PMBOK に追加して利用することが推奨されています。また、PMBOK に記載されているすべての事項をプロジェクトで実施する必要はなく、プロジェクトの特徴を検討した上で、利用可能な部分のみを選別し利用することが推奨されています。詳細は後述しますが、これをテーラーリングと呼びます。

PMP 資格とは

　PMP（Project Management Professional）資格とは、PMI が認定するプロジェクトマネジメントの専門職の資格です。1984 年に第 1 回の試験が行われました。2022 年 10 月現在、世界に 120 万人以上の PMP 資格保有者がいます。

　PMP を取得するには、プロジェクト・マネジャーとしての一定期間以上の実務経験と、PMI 認定の教育機関にて一定時間以上の研修受講が必要です。また PMP 取得後も、プロジェクト・マネジャーとしての自己研鑽を課して

おり、PMP 資格を保持するためには、一定期間内に所定時間以上の教育を受けることが必要となります。詳しくは PMI のサイトをご覧ください。

1 **5** 第 6 版からの主な変更点

2021 年に PMBOK7 が正式に発行されました。PMBOK6 の発行から 4 年ぶりの改訂です。

PMBOK はこれまで 4 年ごとに改訂され、内容を追加・増強されてきました。今回は構成を含む大規模な改訂が行われ、時代の要請に沿った、さまざまなプロジェクトで利用できる内容になりました。一方、大規模な改訂だったことにより、PMBOK6 以前でプロジェクトマネジメントを学んだ方の中には、戸惑いを感じる方もいると推測します。

しかし、PMBOK7 で PMBOK6 以前の内容が否定されているわけではありません。これまで PMBOK6 などで学んだ知識は引き続き利用できると PMBOK7 で明言されています。また PMBOK7 で割愛された内容は、PMIstandards+™ で閲覧可能となっていますので、必要に応じて参照してください。

PMBOK7 での主な変更点は以下となります。

- 成果物などの作成だけでなく、その成果物などから得られる価値を強調
- プロセスベースの標準から原理・原則ベースの標準に移行
- PMBOK6 の 10 の知識エリアが、8 つのプロジェクト・パフォーマンス領域に変更
- 各プロジェクトの状況や独自性を考慮し、プロジェクトマネジメントの取り組み方を調整する「テーラーリング」の重要性を強調

本書は、プロジェクトマネジメントを学ぶために PMBOK を参考にしている書籍なので、記述内容は PMBOK7 だけでなく、PMIstandards+™ に掲載されている PMBOK6 以前の内容なども参考にしています。

Column

経験があれば知識体系は不要？

　「PMBOK も含め、世の中にあるプロジェクトマネジメントの知識体系は所詮理想論でしかない。実践の場では役に立たない」と断言するベテランのプロジェクト・マネジャーもいます。

　実は、筆者もプロジェクト・マネジャーになる前から PMBOK などの知識体系を学習していたわけではありません。むしろ「知識」よりは「経験」と考え、「できるプロジェクト・マネジャー」の背中を見て、失敗しながらプロジェクト・マネジャーになった人間であり、以前は少なからずプロジェクトマネジメントの知識体系を軽視していました。PMBOK などの知識体系をしっかりと学習し始めたのは、プロジェクト・マネジャーとしていくつかのプロジェクトを成功に導き、自信を持った後なのです。

　正直に言うと、学習開始当初は、「こんなの知っているよ。自分には知識体系なんて必要ないな」とかなり尊大に構えていました。しかし、学習を進めていくと、ハッと気付く点が多くありました。今までの自分のやり方では問題があったことを発見し、反省しました。逆に自分のやり方の正当性を認識し、自信を深めることもありました。

　あなたが知識体系の学習なしにプロジェクト・マネジャーとしての経験を積んだ方であれば、「今さら、あらためてプロジェクトマネジメントの勉強なんて」と思ってしまうかもしれません。しかし、筆者は断言します。いくらあなたがプロジェクト・マネジャーとして豊富な経験があったとしても、プロジェクトマネジメントの知識体系をあらためて学ぶことによって得られる収穫は、決して小さくありません。PMBOK などの体系化されたプロジェクトマネジメントの多くは、ベテランのプロジェクト・マネジャーたちの「経験」と「知恵」を集結して作られたのですから。

　では知識体系を学べば、経験や勘などの実践に基づく見解は不要かというと、そうではありません。プロジェクトマネジメントの知識体系を一通り学習しただけでプロジェクト・マネジャーになったと錯覚し、「KKD（勘、経験、度胸）は個人の偏った知識であり、皆から賛同されるものではない。また、常にプロジェクトを成功に導くものではない」と主張する人もいます。しかし、それは大きな間違いです。プロジェクトの成功率を上げるためには KKD もまた、必要不可欠な要素なのです。学習したプロジェクトマネジメントの知識を自分の血肉として実際のプロジェクトで活かすためには、過去の「経験」により熟成される「勘」を働かせ、最後は思い切って一歩踏み出してみる「度胸」が重要なのです。

　「知識体系」と「KKD」、この 2 つをバランス良く身に付けることが、プロジェクト・マネジャーとしてプロジェクトを成功に導く鍵だと、筆者は考えています。

第2章 プロジェクトマネジメントの心得

　第 2 章では、プロジェクトマネジメントを取り組むにあたり心に留めておくべき事項について、PMBOK7 の 12 の「プロジェクトマネジメントの原理原則」に沿い説明します。なお、プロジェクトマネジメントとして取り組むべき活動は、第 3 章に記述します。

2 1 プロジェクトマネジメントの原理原則とは

　PMBOK7 では、プロジェクトマネジメントを取り組むにあたり心に留めておくべき事項を、プロジェクトマネジメントの原理原則として定めています。プロジェクト・マネジャーを含むプロジェクトマネジメント・チームがプロジェクトマネジメントに取り組む際の心得だと考えてください。この原理原則を理解・考慮せずプロジェクトマネジメントを実践しても、効率的または効果的な活動にならない可能性があります。

　PMBOK7 では、表 2.1 に示す 12 のプロジェクトマネジメントの原理原則を定めています。また本書では、その対象や内容から、各プロジェクトマネジメントの原理原則を以下 6 つに分類しています。

　　①プロジェクトがもたらす価値に関する事項
　　②プロジェクトの成果物やプロセス注に求められる品質に関する事項
　　③スポンサーや顧客・ユーザーなどのステークホルダーへの接し方に関する事項
　　④プロジェクト・チームへの接し方に関する事項
　　⑤プロジェクトの特徴である独自性に関わる事項
　　⑥プロジェクトマネジメント・チームに求められる意識や思考、行動などに関する事項

　　　注　プロセス（プロジェクトのプロセス）とは
　成果物の作成やプロジェクトマネジメントの活動など、プロジェクトを成功させるために必要な作業やその手順のことを指します。

　表 2.1 には、聞いたことがない用語が多く、難しそうだと感じる方もいるかもしれません。この後、12 の原理原則をそれぞれ例を示しながら説明しますので、ここでは 12 個あることを理解してください。

表2.1 PMBOK7：プロジェクトマネジメントの原理原則

原理原則	概要
①プロジェクトがもたらす価値に関する事項	
1. 価値	成果物がステークホルダーに提供する利便性や満足度などの価値、その結果としてステークホルダーがスポンサーにもたらす売上やブランド力向上などの事業価値を重視することが求められています。
②プロジェクトの成果物やプロセスに求められる品質に関する事項	
2. 品質	要求事項や使用適合性を満たさない成果物にならないよう、またプロセスの過不足がないよう、成果物とプロセスに品質を組み込むことが求められています。
③スポンサーや顧客・ユーザーなどのステークホルダーへの接し方に関する事項	
3. ステークホルダー	ステークホルダーがプロジェクトにさまざまな影響を与えることや各ステークホルダーの特徴を理解した上で、効果的に関われるよう、人間関係のスキルを活用し、適切な働きかけを行うことが求められています。
4. 変革	ステークホルダーが変革を受け入れられるよう、動機付けや相手に合わせた対応が求められています。
④プロジェクト・チームへの接し方に関する事項	
5. チーム	プロジェクト・チーム・メンバーがチームとして行動し成果を出せるよう、チームの合意形成のルールや組織構造の見直し、作業の洗い出しや手順の明確化など、プロジェクト・チームの作業環境を構築することが求められています。
6. リーダーシップ	プロジェクト・チーム・メンバーは、各自がリーダーシップを示すことが求められています。
⑤プロジェクトの特徴である独自性に関わる事項	
7. 複雑さ	人の行動、技術革新などの複雑さに対処することが求められています。
8. リスク	好機を最大限に活かし、脅威を極力受けないよう、リスクを特定し、分析し、対応することが求められています。
9. システム思考	システム思考とは、互いに影響を及ぼし合う要素をシステムとして捉えて問題改善などに取り組む思考法です。プロジェクトでは問題や制約条件などを単独に考えるのではなく、全体への影響を考慮して取り組むことが求められています。
10. テーラーリング	プロジェクト固有の状況を踏まえて、作業手順の調整やステークホルダーへの働きかけの選定などに取り組むことが求められています。
⑥プロジェクトマネジメント・チームに求められる意識や思考、行動などに関する事項	
11. スチュワードシップ	誠実さ、面倒見の良さ、信頼されること、コンプライアンスを遵守することが求められています。
12. 適応力と回復力	計画変更などに前向きかつ柔軟に取り組める適応力と、失敗やステークホルダーからの叱責を引きずらない回復力を持つことが求められています。

2 2　プロジェクトマネジメントの原理原則の関連性

　12 のプロジェクトマネジメントの原理原則は、図 1.4「プロジェクト要素の主要関連図」と重ね合わせると、次の図 2.1 のようになります。

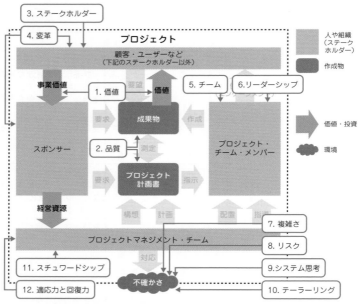

図 2.1　12 のプロジェクトマネジメントの原理原則とプロジェクト要素との関連性

2 3　プロジェクトマネジメントの原理原則の内容

1. 価値

　プロジェクト・チームは、「価値に焦点を当てること」を PMBOK7 では求めています。

　価値とは、プロジェクトの成果物がステークホルダーに提供する利便性や満足度のことです。プロジェクトを発足する目的は、価値をステークホルダーに提供することにより、売上やブランド力向上などの事業価値をスポンサーが得ることです。このことを常に意識しておく必要があります。

成果物重視と価値重視の違い

例えば、メーカー A 社が以下のプロジェクトを発足したとします。

- 目的……画期的な性能を有する製品を開発し、A 社技術力の高さを訴求する
- 目標……202x 年 2 月までに製品の発表を行う
- 成果物……画期的な性能を有する製品

プロジェクト・チームの活躍により、想定通りの成果物を目標の期限内に作成できたとします。これにより、消費者に技術力の高さを訴求できれば、本製品に関する問い合わせの増加、「技術力の A 社」というイメージ確立により優秀な人材を集めやすくなる、株価上昇により時価総額が増えるなどの事業価値を得ることができます。

価値に焦点を当てるということは、成果物を作成するだけでなく、価値をステークホルダーに提供できるか、その見返りとしてスポンサーが事業価値を得られるか否かを重視するということです。上の例では、画期的な性能が他社技術を利用して実現されたのであれば、自社の技術力の高さを訴求することにはならず、期待する事業価値は得られにくいと想像できます。

価値とプロジェクト継続

一方、競合他社が、同等性能を有する製品を先に発表したらどうなるでしょうか？　その場合、競合他社とは異なる技術を利用していたとしても、A 社の持つ技術力の高さの訴求は当初想定ほどにはならず、得られる事業価値も期待より小さくなってしまう可能性があります。この場合は、競合他社が製品を発表した段階で、プロジェクトを継続して投資に見合う事業価値が得られるかを再検討し、継続是非を判断しなければなりません。

2. 品質

プロジェクトマネジメントとして、「成果物とプロセスに品質を組み込むこと」を PMBOK7 では求めています。

プロジェクトの品質とは、①成果物と②プロセスの 2 つが対象であり、それぞれ受入基準を定め、継続的に基準を満たしているか確認します。

成果物の品質

　成果物の品質には、要求事項の適合性と使用適合性の 2 つの観点があり、両方を満たしていることが求められます。

　要求事項の適合性とは、成果物を受領する顧客や成果物を使用するユーザーなどが明示的に要求していた機能や性能、操作性などを満たしているか否か

Column

利用されない成果物

　多くの時間と費用、プロジェクト・チームの多大な献身により成果物は完成したが、その後利用されていない。皆さんの周りには、このような事例はありませんか？　「使われないコンピュータ・システム」「利用者が少ない公共施設」「交通量が少ない高速道路」など、新聞や雑誌、インターネットの記事などで取り上げられる事例は少なくありません。

　なぜ、このような利用されない成果物を作ってしまうのでしょうか？

　それは、成果物を作成することが目的となり、①成果物がステークホルダーにもたらす価値が軽視されている、②成果物の利用により期待する価値を提供できるか振り返っていない、ということが大きな原因だと筆者は考えます。

　例えば、業務で利用するコンピュータ・システムを構築する場合、構築には多くの工数をかけてさまざまな工夫を考えるけれど、利用してもらうためのユーザー教育は軽視しているプロジェクトは少なくありません。設計通りにシステムを構築しても、利用されなければ価値をもたらすことはできません。

　またビジネスの変化のスピードが速くなり、コンピュータ・システムに求める要求事項もビジネスの変化に合わせて変わることがあります。当初は必要だと伝えた機能が不要になったり、不要だと伝えた機能が必要になったりします。しかし、そのような要求事項の変化を、適切に取り込めていないプロジェクトが多く存在します。不要な機能を構築しても、利用されないので、価値を提供することはできません。

　あなたが関わっているプロジェクトは、どのような価値を提供するために取り組んでいますか？　価値を提供するために必要な作業はすべて行っていますか？　要求されている成果物を作成したら、ステークホルダーに期待する価値を提供し、スポンサーは事業価値を獲得できそうですか？

　もし、「成果物を作成しろと指示されたから作業を進めている。」と回答するプロジェクト・メンバーが多いようであれば、早急に対策が必要かもしれません。

です。

一方、使用適合性とは、成果物の使用により、顧客やユーザーなどが要望していた成果（＝真のニーズ）を得られるか否かです

この両方が満たされると、顧客やユーザーは成果物から価値を得たと感じることができます（＝顧客満足）。

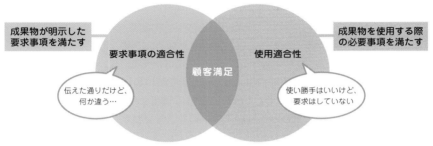

成果物が明示した要求事項を満たす

要求事項の適合性

顧客満足

使用適合性

成果物を使用する際の必要事項を満たす

伝えた通りだけど、何か違う…

使い勝手はいいけど、要求はしていない

図 2.2　成果物の品質に求められる顧客満足

例えば、日々の出来事やネット記事の感想など、ちょっとしたことを記録する個人用のメモアプリを、お客様から依頼されて構築する場合を考えます。アプリを日常的にユーザーに利用してもらい、ユーザーの興味に合わせた広告などを掲載することで収益に結びつけようとお客様は考えています。

このアプリの要求事項の適合性とは、アプリが保有する機能や性能、操作性のことです。いつでも簡単かつ即時にメモ書きできる、ネットの記事や読んだ書籍に紐付けてメモを残せる、使ったお金も記録し集計できる、などの機能が期待通りに構築されているか。スマートフォンだけでなく、タブレット端末や PC でも操作できるか。お客様から出された要求事項を満たす要件をアプリで構築できたか否かが受入基準となります。

一方、このアプリの使用適合性とは、ユーザーがこのアプリを日常的に利用したいと思うか、利用し続けたいと思うか否かです。スマートフォンでもタブレット端末でも利用できるけれど、スマートフォンで途中まで書いたメモは、登録されるまでタブレット端末では見られないとしたら、両方を利用しているユーザーには常に利用できるアプリとは認識されないかもしれません。スマートフォンの機種変更時に、アプリのデータを速やかに移行できなければ、そのタイミングで利用を止めてしまうかもしれません。ユーザーが継続的に利用する仕組みでないと、期待した収益という価値の確保が難しくなるため、お客様は使用適合性の点で不合格とみなす可能性があります。

プロセスの品質

　プロセスの品質には、成果物を作成する作業や手順にムダ・ムラ・ムリがないこと、作業ミスや欠陥が発生しにくいことが含まれます。

　成果物の品質を上げるために、品質チェックを繰り返し行う意義はありますが、それが過剰になっていると品質向上に役立たないどころか、各段階でのチェックが甘くなり品質が低下することもあります。またプロジェクトにはコストやスケジュールという制約条件もあり、無限にチェックを行えるものでもありません。求められる成果物の品質を担保するためには、必要十分な作業や手順を考えることが必要となるのです。

　また成果物の品質を上げるためには、そもそも作業ミスや欠陥などが発生しにくい作業手順や作業方法に改善を続けることが有効です。

　「検査よりも予防」。これは品質に問題がないかを検査で確認することよりも、品質に問題が出ないようプロセスを見直すなどの予防に取り込むことが、品質を高めるためには有効であるという、品質管理の考え方です。検査により品質の問題点を見つけて是正などの対策を講じるコストよりも、そもそも品質の問題が発生しにくいよう予防の対策を講じるコストのほうが安価にできるのです。

3. ステークホルダー

　プロジェクト・チームは、「ステークホルダーと効果的に関わること」をPMBOK7 では求めています。

　前章で説明したように、プロジェクトにはさまざまなステークホルダーが関与します。これらステークホルダーに積極的かつ適切な働きかけ（以下、「エンゲージメント」と記述）を行うことにより、プロジェクトの成功率を高めることができます。このためステークホルダーへのエンゲージメントは、プロジェクトマネジメントとして行うべき行動の 1 つなのです。

　ステークホルダーにエンゲージメントを行う前提として、以下を心に留めておくことが必要です。

ステークホルダーの影響内容

　ステークホルダーがプロジェクトに及ぼす影響でよくあるのは、追加の要求事項です。要求事項が増えれば、プロジェクトで行うべき作業は増え、それはスケジュールやコストにも影響します。要求事項がプロジェクト成功に結びつくものであれば対応の必然性はありますが、プロジェクト成功との関

連性が低い場合もあります。プロジェクトの予算は増やさず、ステークホルダーにとって利点がある対応を進めてほしいと依頼されることもあります。

　企業が進めるプロジェクトの場合、プロジェクト・チーム・メンバーに関連する影響もあります。例えば、プロジェクトの中心人物だったメンバーが、他の仕事を担うために、プロジェクトから抜けることを承諾せざるを得ないことなどです。当面戦力としては見込めず指導負荷が増えてしまうけれど、新入社員を社員教育の一環としてプロジェクト・チーム・メンバーとして預からざるを得ないこともあります。その他にも、社内ルールに基づき、定期

Column

真のニーズを把握するには

　「私が欲しいのはこのようなものではないよ！」「いや、我々はお客様の言われた通りに作りました」というような言い争いをプロジェクトの途中や完了間際に聞いたことはありませんか？　依頼時点では成果物をイメージしにくい情報システム構築の場合、システムがほぼ完成したときに上記のような会話が行われることが多く、そこからプロジェクトは先の見えない暗闇に突入します。

　これは顧客の真のニーズである「使用適合性」を満たしていない場合に発生する問題で、自分の思い込みが原因となっている可能性があります。

　例えば、あなたが不動産業を営んでいて、顧客に『家の広さは 100 平米、予算5000 万円、最寄り駅まで徒歩 10 分以内で、「住みやすい家」が欲しい』と言われたとします。さて、あなたならどんな物件を紹介しようと考えますか？　設備も良く、受付やセキュリティもしっかりしている高層マンションでしょうか。それとも日当たりが良く、狭いながらも庭があり、近所に同年代の人が住んでいる一軒家でしょうか。あるいは車椅子が楽に通れる広い廊下と、段差のない家を紹介しようと思う人もいるかもしれません。

　このように、人によって「住みやすい」という言葉の解釈は異なります。顧客満足を得るには、「顧客にとって住みやすい家」は何か（＝使用適合性）を把握することが重要なのです。それに合う家を紹介しない限り、顧客は満足しません。

　このような解釈の違いによる問題を防ぐためには、顧客の要求を聞いたとき、自分の価値基準だけで判断しないということが大切です。「住みやすい」という言葉を自分の基準で判断せず、住みやすい家の基準は何か、なぜその基準なのかなどを顧客に問い続け、顧客の基準での「住みやすい」という言葉を理解することが必要なのです。

的なプロジェクト報告を求められたり、外部組織による第三者評価を受けなければならなかったり、時間と工数を割かざるを得ないこともあります。

ステークホルダーの関心や影響度合いの変動性

ステークホルダーの要求事項が終始一貫しているかというと、そうとは限りません。プロジェクトの推進とともに、要求事項の内容や強さが変わることもあります。当初はプロジェクトにマイナスの影響のみをもたらしていたステークホルダーが、あることをきっかけにプラスの影響をもたらすように変わる場合もあります。また逆の場合もあります。

このため、マイナスの影響をもたらすからといって遠ざけて関わりを止めてしまったり、プラスの影響をもたらすからといって安心して関わりをおろそかにしたりすることは、好ましくないのです。

人間関係のスキルの大切さ

エンゲージメントとは、プロジェクトに非協力的なステークホルダーを遠ざけたり、言いくるめたりすることではありません。また協力的なステークホルダーをもてはやし、いいなりになることでもありません。ステークホルダーの話を聞き、考えや思いを理解し、必要があればそれをプロジェクトに取り込もうとすること。またステークホルダーと互いに対話できる関係を構築・維持することです。

具体的にどのようなスキルが必要かは後述します。

参照　第 3 章「6. ステークホルダー・パフォーマンス領域」のコラム「コミュニケーションの考慮点」…p.102
第 3 章「7. チーム・パフォーマンス領域」の「前提知識」…p.104

4. 変革

PMBOK7 では、「想定した将来の状態を達成するために変革できるようにすること」をプロジェクト・チームに求めています。

プロジェクトによっては、顧客やユーザーなどのステークホルダーに成果物というモノを提供し価値をもたらすのではなく、顧客やユーザーに変化というコトを提供し価値をもたらす場合もあります。そのようなプロジェクトの場合、人の意識と行動が変わった状態が価値であり、その状態を目指すための活動が必要であることを忘れてはいけません。

例えば、残業時間削減を目標とした働き方改革プロジェクトの場合、オン

ライン会議システムの導入や事務処理軽減につながる仕組みを構築したとしても、社員やその上司が残業時間を削減しようと主体的に意識や行動を変えない限り、十分な効果は得られません。社員が「残業代も欲しいから、限度時間ギリギリまでは残業しよう！」と思っていたり、上司が「仕事を効率的に行い、残業をするな！と言ったから、あとは私の責任ではない」と思っていたりする限り、残業時間は思ったように減りません。社員が「残業せずに作業を終えられるよう工夫するのが自分の仕事。もしそれでも終えられそうになければ上司に相談しよう」と考え、上司も「残業せずに終えられる量や質の作業を部下に指示することが自分の仕事。もし終えられそうになければ作業のやり方を一緒に考えるか、一部作業を他の人に分担してもらうよう指示を出さねば」と考える状態にならなければ、目標達成は厳しいのです。

　上記の例のような、人の意識と行動の変化は、組織として通達を出せば、関係者全員にすぐに浸透するものではなく、体系的に繰り返し取り組む必要があります。このような取り組みを、チェンジマネジメントと呼びます。

　変革を着実に進めるには、以下を認識しておかなければなりません。

変革への反対・抵抗勢力の存在

　どんなに素晴らしい変革でも、①明確な理由があり反対する人、②今の状態から変えたくないと抵抗する人がいます。

　例えば、フィーチャーフォン（ガラケー）の利用者は次第に減っていますが、本書執筆時点でも多く存在します。多くの機能を持つスマートフォンに無料で交換できると案内されても、なかなか変えようとしません。そのような人の一部は、スマートフォンを操作したことはあるが使いづらいので、ガラケーのほうがよいと考えている人（上記①）です。一方で、スマートフォンは良い製品だとは思っているけれど、「操作が難しそうだ」「機能が多くてもたぶん使わないだろう」「覚えることが多そうで面倒くさい」と漠然と思っている人（上記②）もいます。

　人は基本的に変化を嫌う生物だという説があります。その程度は個人の性格などにより異なりますが、自分にとって大きなメリットがある、または今、大変困っていることがない限り、積極的に変化を受け入れないと認識しておくことが必要です。

変革の受け入れに有効な動機付け

　上記①のような人に変革に賛成してもらう、または反対を弱めてもらうには、なぜ反対するのかを理解した上で、エンゲージメントを行う必要があり

ます。最も基本的なエンゲージメントは、プロジェクトの目的や目標、成功した場合に得られる成果を相手が具体的にイメージしやすいように伝えることです。プロジェクトによりその人が受けるデメリットよりも、メリットが大きいことがわかれば、考えを変えてくれるかもしれません。

　一方、上記②のような人に変革への抵抗を弱めてもらうには、その人が行動しようと思う動機付けが必要です。これには感情に訴えるような動機付けが効果的です。上述のスマートフォンへの交換の場合、期間限定や先着何名かのみ特典が得られるキャンペーンなどがその例です。

　「経営が変革を進めろと指示しているのだから、いちいち個々人の意見など聞かず、強制的に進めればよい」と考える人もいるかもしれません。組織や状況によっては、個々人の意見を聞く時間的・金銭的などの余裕がなく、反対または抵抗する中で強制的に進めざるを得ない場合もあります。

　しかし、できれば変革を強制的に進めるのではなく、1人でも多くの人が理解・納得して変革を受け入れられるよう動機付けを行うことをおすすめします。強制的な変革の推進は、禍根を残し、後日変革を覆すような活動の発生につながるからです。

変革を受け入れられるスピード

　人は状況や内容により、受け入れられる変革のスピードは異なります。また個人によっても異なります。プロジェクトの都合だけで変革のスピードを決めて邁進すると、あるときから強く抵抗する人が増えてしまいます。それは変革に賛成していた人でも同じです。

　ではどうすればよいのでしょうか？　変革のスピードについてこられない方が増えたら、いったんスピードを緩めて調整することも一案です。または期間を分けて、変革を段階的に進める計画にすることも有効です。

5. チーム

　プロジェクトマネジメントとして、「協働的なプロジェクト・チーム環境を構築すること」をPMBOK7では求めています。

　プロジェクト・チームには、さまざまなスキルや知識、経験を持つメンバーが集まっています。プロジェクトの最初から最後まで関わるメンバーばかりではなく、短期間のみ参加するメンバーもいます。これら多様なメンバーに、個人として行動してもらうだけではなく、チームとして協働してもらえるよう促すことで、さらに効果的かつ効率的にプロジェクトを進められます。

協働的なプロジェクト・チーム環境の構築には、以下が大切です。

チームの合意

チームの合意とは、メンバーがプロジェクトの目的および目標、チームの役割および目標、ならびにその目標実現に必要な規範や行動を理解し、プロジェクト・チームの一員として目標実現に向け協働している状態です。

チーム結成当初から、完璧な状態になっているとは限りません。チーム結成当初は、言葉としては理解していても行動に結びついていないことが少なくありません。メンバーが反目し合い、協働とは対極な状態になることもあります。その後、各メンバーの立ち位置が決まり、うまくいけば互いに尊重し助け合える協働の状態になります。

参照 第3章「7. チーム・パフォーマンス領域」の「チーム成長の4段階」…p.108

組織構造の見直し

チームの合意が得られたからといって、プロジェクトの最後まで同じチーム体制でよいとは限りません。プロジェクトの状況などを考慮し、チームの体制やメンバーの配置、役割などを適宜見直すことが必要です。

例えば、チーム間で重複する作業が増えた場合、共通チームを作り当該作業を担当させる。複数チームに関連する課題がありチーム作業に支障が出ている場合、課題対応タスクフォースチームを一時的に作り、当該課題対応に専念してもらう、などです。プロジェクトの状況に応じて最善のチーム体制となるよう、組織構造を見直します。

6. リーダーシップ

プロジェクト・チーム・メンバーは、「リーダーシップを示すこと」をPMBOK7では求めています。

プロジェクトにおけるリーダーシップとは、プロジェクトを成功させるために、ステークホルダーの話を聞き、プロジェクトの目的と目標を明確に伝え、その達成に向けて個人の利益よりプロジェクトの利益を優先するよう動機付けを行うことです。またプロジェクト・チーム・メンバーを先導・指示・後押ししたり、見本を見せて指導したりすることです。定常業務のリーダーシップは、主に権限を持つマネジャーやリーダーに期待される振る舞いですが、プロジェクトのリーダーシップはプロジェクト・マネジャーなどの役割に限定されるものではなく、すべてのプロジェクト・チーム・メンバーに期待さ

れているのです。

リーダーシップの必要性

なぜプロジェクトには定常業務とは違うリーダーシップが必要とされているのでしょうか？　それは、プロジェクトには利害関係のあるステークホルダーが多くいるからです。プロジェクト・マネジャーなどの一部の人が、すべてのステークホルダーに対応することは困難です。そのため、すべてのプ

Column

小さいプロジェクトでは、チーム分けや役割分担は不要？

プロジェクト・チームの体制は、プロジェクトの状況などを踏まえて、適宜見直すことがよいと上述しましたが、プロジェクト・チーム・メンバーが 10 名に満たない小さなプロジェクトの場合でも、チームを分けて役割分担を決めるべきなのでしょうか？

作成する成果物や機能が複数あり、プロジェクト・チーム・メンバーが 5 名以上なのであれば、筆者はチームを分けることを推奨します。例えば、成果物が大きく 2 つあり、自分を含めて 5 名のメンバーがいる場合、A チーム 2 名、B チーム 2 名の 2 つのチームを作り、自分はプロジェクト・マネジャーとして 2 つのチームをサポートしつつ、状況によっては作業者を兼任します。

5 名程度のメンバーであれば、1 つのチームとしたほうがプロジェクト・マネジャーとしては管理がしやすいです。しかし、チームを分けて各リーダーを任命することで、以下 2 つのメリットを期待できます。

- 責任意識が芽生える：リーダーに説明責任を負わせることにより、リーダーは自分が責任を持ち成果物を完成させなければいけないという意識が高まります。また、もう 1 名のメンバーにも実行責任が課され、どうすれば成果物を作成できるか主体的に考えるようになります。一方、自分がプロジェクト・マネジャーで、その下に 4 名メンバーがいる体制にした場合、4 名のメンバーはプロジェクト・マネジャーから指示されたことを行えばよいと考え、主体性が薄れてしまう可能性があります。
- 将来のメンバー増加に準備できる：プロジェクトの推進中にメンバーを増員することは少なくありません。中には経験の浅いメンバーが入ってくることもあります。チーム分けをし、リーダーとなれるメンバーを 1 人でも多く育成しておくことが、プロジェクトを成功させるには重要だと筆者は考えます。

ロジェクト・チーム・メンバーにも、リーダーシップを求めているのです。

リーダーシップには、多くのスタイルがありますが、どれが最善というものはありません。プロジェクトの目的や状況、ステークホルダーの特性などに合わせ、最適なスタイルを選択することが理想です。

参照 第3章「7. チーム・パフォーマンス領域」…p.104

リーダーシップのスキル

リーダーシップの発揮に必要なスキルは、学習と経験により習得できます。以下のスキルは特に重要です。

- 傾聴……ステークホルダーの話を否定せず、耳も心も傾けて聴くこと
- 共感……ステークホルダーの感情などを、自分自身のこととして考え、感じ、理解すること
- 発信……ステークホルダーに合わせてコミュニケーション・スタイルとメッセージを選定すること

また効果的なリーダーシップには、その人の普段の振る舞いも重要となります。利己的または信頼できないと相手から思われていては、いくら傾聴・共感・発信しても、相手に動機付けを与えることはできません。

7. 複雑さ

プロジェクトマネジメントとして、「複雑さに対処すること」をPMBOK7では求めています。

複雑さとは、マネジメントするのが困難なプロジェクトやプロジェクト環境の特徴のことです。複雑さはプロジェクトのどの時点でも発生し、また予測できず、発生するとプロジェクトに影響が及んでしまいます。

そこでプロジェクトマネジメントには、複雑さの兆候に常に注意を払い、複雑さの程度や影響を減らせるような対処が必要となります。

複雑さは、以下のような事項に起因します。

人の行動

プロジェクトは、通常多くの人が関係します。人には好き嫌いの感情があり、日により体調も異なるため、その行動は安定しないことが多くあります。

プロジェクト・チーム・メンバーが毎日同じ生産性で、指示通りに行動し

てくれればマネジメントしやすいのですが、そうではありません。プライベートで悩みを抱え仕事が手に付かないこともあれば、メンバー間の相性により生産性が極端に落ちることもあります。これらすべてを事前に予測し対処することはできません。できるのは、兆候をつかみ、進捗遅延などの問題につながる前に対処することです。

　メンバーの話を聞き、場合によっては休暇をとらせる、メンバーの担当業務や所属チームを変えるなどは、その対処の一例です。

成果物の構成要素間の相性

　成果物の構成要素ごとでは予定通りの性能や機能を持つけれど、部品を組み合わせると予定通りにならない、想定外の結果になってしまう。そのような経験はありませんか？

　各構成要素を作成した担当者間での認識相違や構成要素間での相互干渉など、その原因はさまざまですが、初めて経験する場合は解決に時間がかかってしまいます。経験を蓄積するとともに、継続的に学習を続けることが、この複雑さによる影響を最小限で抑えるため役立ちます。

技術の革新

　技術革新は、その恩恵を受けることができればプロジェクトにプラスに貢献しますが、場合によってはプロジェクトの継続に影響してしまうことがあります。

　例えば、スマートフォンで利用されているカメラ技術の革新は、小型カメラや小型ビデオカメラの開発プロジェクトに大きな影響を及ぼしました。

8. リスク

　プロジェクトマネジメントとして、「リスク対応を最適化すること」をPMBOK7では求めています。

　リスクとは、発生するか否か不確実な事象のことです。発生した場合、プロジェクトの目標達成にプラスまたはマイナスの影響を及ぼす可能性があります。そこでプラスのリスク（好機）を最大限に活かし、マイナスのリスク（脅威）を極力受けないよう、リスクを特定し、分析し、対応策の検討・選定後に、対応策を実行することが、プロジェクトマネジメントに求められます。

　リスクは、上述した「7. 複雑さ」に関連します。両者の関連性は、第3章の「8. 不確かさ・パフォーマンス領域」（p.109）を参照してください。リ

スクに対応する前に、まず以下を念頭に置くことが大切です。

リスク選好

　同じリスクでもどのように対応するかは、プロジェクトやプロジェクトを発足した組織がリスクを受け入れる度合い（リスク選好）によって異なります。

　例えば、一軒家を建てる場合、防犯対策として玄関や窓の鍵を何重にするか、ホームセキュリティサービスを契約するか否かは、プロジェクトのスポンサーの考え方次第です。侵入されるリスクを減らしたいのは皆同じですが、お金がかかるので最低限でよいと考える人もいれば、侵入されれば命の危険もあり、お金には換えられないと考えてできる限りの対応する人もいます。

費用対効果

　リスク対応で重要なのは、どの程度までリスクを低減させればよいのか（HSISE：How Safe Is Safe Enough?）を見極めることです。過度にマイナスのリスクを恐れていては何も新しいことはできません。

　例えば、新しい技術の採用は、その技術が十分に成熟していないと、想定外のトラブル発生や期待通りの成果が得られないなどのマイナスのリスクをもたらします。しかし、マイナスのリスクを恐れすぎて既存の技術のみを採用し続けていたら、成果物の品質向上や生産性向上などのプラスのリスクを得ることはできません。

　いかにリスクの特性を認識し、そのリスクによる影響がプロジェクトにとって致命的にならないように、リスクに対応するかが重要です。

タイミング

　リスク対応を行うタイミングが、適切か否かを考えます。プロジェクトの進行や時間の経過に伴い、リスクの影響や発生確率は変化します。

　例えば、自分の身に万が一のことが起こるリスクに対応する生命保険は、結婚や子供の誕生など家族が増えるタイミングで考える人が多いでしょう。企業が取り組むシステム構築プロジェクトの場合、定例会議などでリスク対応やその時期を検討します。

現実性

　プロジェクトの状況などを考慮して、リスク対応が現実的か否かを考えます。プロジェクトには複数のリスクが存在しますが、リスク対応に使えるプロジェクト予算や要員は限られます。どのリスクに、どのように対応するかは、

プロジェクト全体を考慮して、現実的に可能な範囲で取り組むことになります。

　なお、リスク対応をどのような手順で進めるかについては、第 3 章で説明します。

参照　第 3 章「8. 不確かさ・パフォーマンス領域」…p.109

9. システム思考

　プロジェクトマネジメントとして、「システムの相互作用を認識し、評価し、対応すること」を PMBOK7 では求めています。

　このシステムとは、汎用的な概念の相互に影響を及ぼし合う複数の要素から構成される体系のことを指します。

　システム思考とは、「互いに影響を及ぼし合う要素をシステムとして捉え、問題が発生する構造を理解し、改善するための思考法」（引用 1）のことです。

　プロジェクトマネジメントを実践するときは、問題や制約条件などを単独に考えるのではなく、システム思考を用いて取り組むことが必要です。

相互作用

　プロジェクトで発生する問題は、表面的な事象を考えて対応するだけでなく、関連する事項も含めて考えなければ解決できない、もしくは他の問題を引き起こしてしまうことがあります。

　例えば、メンバーが 1 日 8 時間、20 日間で終える作業の計画が、作業開始が遅れて半分の 10 日間で終えなければならなくなったとします。毎日倍の 16 時間働いてもらえれば終えられる計算ですが、1 日 16 時間働いたら疲れからミスも増えるし、体調を崩して 10 日間働けなくなるかもしれません。また労務管理上、継続的な長時間労働は問題があります。作業者を倍増しても終えられる計算ですが、作業のやり方を教える作業が増え、その分、費用は増加してしまいます。

　このように、作業遅延という問題は、単に作業時間を増やすとか要員を増やすだけでは解決できません。考えた対応案が表面上の問題解決につながるのか確認するだけでなく、他の問題やリスクを引き起こさないか、システム思考を用いて検討することが、プロジェクトマネジメントには必要なのです。

10. テーラーリング

プロジェクト・チームは、「状況に基づいてテーラーリングをすること」を
PMBOK7 では求めています。

テーラーリングとは、洋服の仕立てまたは仕立て直しという意味の英単語
です。プロジェクトマネジメントでのテーラーリングとは、プロジェクトの
目標やステークホルダー、環境などを考慮して、プロジェクトの作業手順や
進め方、成果物などを選定・調整することです。

Column

テーラーリングの例

DIY で 10 脚の椅子を作るプロジェクトの場合、あなたなら以下どちらの進め方（ア
プローチ）で行いますか？

- アプローチ①……1 脚分の材料を調達し、加工して組み立てる。この作業を 10 回
  繰り返す
- アプローチ②……最初に 10 脚分の材料を調達し、10 脚分の加工をした後に、10
  脚分の組み立てを行う

どちらのアプローチのほうが、より良いのでしょうか？

それは一概には決まりません。作業効率を優先するならアプローチ②です。木材の
調達は一度で済み、同じ作業を続けたほうが慣れて素早く作業できるようになります。
しかし、1 脚作って座り心地やデザイン、サイズを再考するならば、アプローチ①が
好ましいです。10 脚分の部品を加工した後に、サイズを大きくしようと思っても、や
り直しはできません。また 10 脚分の材料を置いておく場所がなければ、アプローチ②
は選択できません。

このように、同じような目的や成果物を作るプロジェクトでも、目標の優先度、作
業する人の経験・スキル、置かれている環境などにより、最善となるアプローチは変わっ
てきます。前章のプロジェクトの定義で説明したように、プロジェクトには独自性とい
う特徴があり、過去を含めて世の中に同じプロジェクトは 2 つとしてありません。こ
の特徴があるために、たとえ同じようなプロジェクトでも、最善となるアプローチを
検討するテーラーリングが必要なのです。

テーラーリングの必要性

　プロジェクトを推進する場合、企業や組織で独自に作成・保有している方法論や手順書を利用できる場合があります。または PMBOK などの知識体系を参考に推進することを推奨されている場合もあります。基本的にはそれらの方法論や手順書、知識体系などを参考にプロジェクトを推進すればよいのですが、それらは、さまざまなプロジェクトで利用できるよう汎用的に記述されているため、あなたが推進するプロジェクトでは必要性が低い、または不足している可能性があります。また、作業の進め方が、プロジェクトの特徴に合っていないかもしれません。そこで、方法論や手順書、知識体系などをもとに、あなたが推進するプロジェクト固有の特性や状況を踏まえ、必要な作業や成果物、作業の進め方を選定・調整する必要があるのです。

テーラーリングの実施タイミング

　テーラーリングは、プロジェクト開始時に一度行えばよいというわけではありません。プロジェクトの状況は、時間や作業の進行により変わってきますので、継続的に行う必要があります。またテーラーリングする対象は、プロジェクトの作業だけでなく、プロジェクトマネジメントの作業も含みます。
　以下はテーラーリングする対象の一例です。

（ライフサイクルと開発アプローチ）

　プロジェクトの進め方の方式と手順のことです。詳しくは後述します。

　参照　**第 3 章「2. 開発アプローチとライフサイクル・パフォーマンス領域」**…p.57

（作業手順（プロセス））

　実施しなくても影響が少ないプロジェクトマネジメントのプロセスは、極力減らすようにテーラーリングすべきです。また、成果物を作るだけでなく安全基準への認証が必要なプロジェクトの場合、認証取得のプロセスを追加するテーラーリングを行います。

（ツール）

　成果物作成に利用するソフトウェアやメンバー間のコミュニケーション・ツールなどは、企業や組織で推奨があっても、プロジェクトによっては追加・変更などのテーラーリングを行います。例えば、オンライン会議ツールは他社のステークホルダーの要望などを踏まえて選定します。最近は、以下のクラウドサービスが増えているので、積極的に活用することをおすすめします。

- 作業管理、課題管理
- ファイル保管・共有
- 共同編集
- オンライン会議

（方法と作成物）

作業方法が複数ある場合どれを選択するか、テーラーリングします。また成果物を作成する際に利用するテンプレートをどれにするか、プロジェクトマネジメントの管理資料として何を作成するかなど、テーラーリングします。

11. スチュワードシップ

プロジェクトマネジメントに関わる人には、「勤勉で、敬意を払い、面倒見の良いスチュワードであること」を PMBOK7 では求めています。

スチュワードという言葉は、あまり聞き慣れないかもしれません。これは、責任を持ち誰かの世話をすることや誰かの資産を管理することを意味します。飛行機の客室乗務員は、現在はフライトアテンダントやキャビンアテンダントと呼びますが、以前は女性の場合「スチュワーデス」、男性の場合「スチュワード」と呼んでいました。

プロジェクトマネジメントでのスチュワードシップとは、プロジェクトに責任を持ち、ステークホルダーに気を配り、プロジェクトの資産であるプロジェクト・チーム・メンバーや予算を管理する姿勢です。プロジェクトマネジメントに関わる人は、常にスチュワードシップを心がけ、行動することが求められています。

スチュワードシップには、具体的には以下の特性が含まれます。

誠実さ

プロジェクトマネジメントの業務や作業を、正直に倫理的に行うことが求められています。またプロジェクト・チーム・メンバーの規範となる行動を期待されています。

例えば、ステークホルダーとのコミュニケーションにおいて、相手の考えや意見に耳を傾け、共感し、必要があれば自分の行動の改善につなげます。

面倒見の良さ

プロジェクトのさまざまなことを自分の責任として受け止め、それらに一

生懸命に取り組み管理することが求められています。細心の注意を払い、プロジェクトに影響を及ぼす、または及ぼしそうなことに気を配る行動が期待されています。

　例えば、プロジェクトで利用する資源の環境への影響を配慮し、再利用可能な資源を用いることもその一例です。

信頼されること

　自分の役割や権限、プロジェクト・チームについて、ステークホルダーに繰り返し説明することが求められています。これによりステークホルダーは、誰に何を相談すればよいのか理解します。また、その役割や権限に沿った行動が、ステークホルダーからの信頼につながります。一方、プロジェクト利益を優先せず、自己利益を優先した行動をとると、信頼は失われます。

　例えば、プロジェクトの一部成果物を外部委託する場合、プロジェクトにとっての最善ではなく、自分の都合などを優先して委託業者を選定したら、それを知ったプロジェクト・チーム・メンバーはあなたに不信感を抱いたり、信頼しなくなったりします。または、そのような選定方法でよいと考え、同じような判断を行うようになってしまい、いつか大きな問題につながってしまうかもしれません。

コンプライアンスを遵守すること

　プロジェクトの活動は、法律や規則、規制などに遵守することが求められます。また自分の行動だけでなく、プロジェクト・チーム・メンバーやステークホルダーにも遵守するよう、働きかけることも求められています。

　例えば、作業が遅延していたとしても、プロジェクト・チーム・メンバーに違法な残業を強いてはいけません。

12. 適応力と回復力

　プロジェクトマネジメントに関わる人は、「適応力と回復力を持つこと」をPMBOK7では求めています。

　適応力とは変化する状況に対応する能力であり、回復力とは影響を緩和する能力と挫折や失敗から迅速に回復する能力であると、PMBOK7では定義しています。プロジェクトマネジメントに関わる人は、適応力と回復力の両方が必要となります。

適応力の必要性

どんなに精緻な計画を作成したとしても、計画通りにプロジェクトを遂行できず、計画変更や柔軟な対応が必要なことは少なくありません。

計画通りに遂行できなくなる原因は、作業遅延や品質低下などのプロジェクト・チームに起因するとは限りません。ユーザーの要求事項が変わった、法改定に伴い成果物の仕様を見直す必要がある、事業環境が変わりプロジェクト予算が削減されたなど、プロジェクト・チーム外に起因する場合もあります。

しかし、原因がプロジェクト・チーム外にあったとしても、プロジェクトマネジメントに関わる人は、計画変更に前向きに取り組み、変更した計画をプロジェクト・チーム・メンバーに伝えて作業を進め、プロジェクトを成功に導かなければなりません。このような環境や状況の変化に柔軟に対応する能力が適応力です。

回復力の必要性

プロジェクトを進めていると、挫折や失敗を経験することもあります。

プロジェクトの必要性をステークホルダーに説明したのに、全く理解されず、怒鳴られてしまった。プロジェクト・チーム・メンバーの成長のためと思い強めに叱責したら、他のメンバーからも白い目で見られてしまった、など、筆者もこれまで数多くの挫折や失敗を経験しました。

しかし、プロジェクトは日々推進しなければなりません。プロジェクトマネジメントに責任を持つプロジェクト・マネジャーが落ち込んだり、ふてくされたりしている時間はありません。起こしてしまったことは、いくら悔やんでももとには戻りません。取り組むべきことは、早く気持ちを切り替えて、同じ失敗をしないことです。それができる能力が回復力です。

適応力と回復力の例

適応力と回復力が低い人と高い人では、どのように行動が異なるのでしょうか？

例えば、ユーザーの要求事項が変わった場合で比較してみましょう。

適応力と回復力が低い人の場合、以前ユーザーから聞いた要求事項を満たす成果物をすでに作成し始めているので、今さら要求事項が変わったと言われても作業の手戻りが発生するので困ると、一度は変更対応を拒むかもしれません（＝適応力が低い）。その後、変更対応を渋々受け入れたとしても、「せっかく途中まで作成したのに変更するなんて！」という気持ちを悶々と持ち続

けているため、成果物の修正作業に気持ちが乗らず（＝回復力が低い）、作業遅延や品質低下を起こしてしまうかもしれません。

　一方、適応力と回復力が高い人の場合、以前ユーザーから聞いた要求事項を満たす成果物をすでに作成し始めていたけれど、要求事項が変わるのはプロジェクトではよくあることと考えて変更を前向きに受け止めます（＝適応力が高い）。変更対応するために作業の手戻りが発生するとしても、「成果物が完成してから言われるより、今ならまだ手戻りは少ない。変更対応することにより、ユーザー要求を満たせるならそのほうがよい！」と考え、変更対応に前向きに取り組みます（＝回復力が高い）。

　なお適応力と回復力を高めることは必要ですが、それは際限なく変化や変更をプロジェクトに取り入れることを容認することではありません。プロジェクトで発生した変更は、変更管理プロセスで管理し、対応要否および対応時期などを決めてから対応すべきです。

プロジェクト
マネジメント活動

　第3章では、プロジェクトマネジメントとして取り組むべき活動について、PMBOK7の8つの「プロジェクト・パフォーマンス領域」に沿い、例を交えて説明します。

【注意】

　各プロジェクト・パフォーマンス領域の説明は、PMBOK7に記述されている内容だけではなく、PMBOK6に記述があって現在はPMIstandards+™に記載されている内容（具体的な作業内容や手順など）も含めています。また説明は、筆者の理解に基づいています。

3 1　プロジェクト・パフォーマンス領域とは

　　プロジェクト・パフォーマンス領域とは、プロジェクトの成果物を計画通りに作成し、ステークホルダーに価値を提供するために、プロジェクトマネジメントとして取り組むべき活動のことです。

　　この活動が適切に行えないとプロジェクトの成功は遠のいてしまうため、プロジェクト・マネジャーを含むプロジェクトマネジメント・チームは、内容を理解し、実践する必要があります。

　　PMBOK7 では、表 3.1 の 8 つのプロジェクト・パフォーマンス領域を定めています。各プロジェクト・パフォーマンス領域は相互に関連していますが、決まった重み付けはありません。

表 3.1　PMBOK7：プロジェクト・パフォーマンス領域

パフォーマンス領域名	概要
1. デリバリー	プロジェクトの成果物が価値を提供して目標とする事業価値が得られるよう、価値や要求事項、スコープ^注、品質の定義などの活動を行います。
2. 開発アプローチとライフサイクル	成果物やプロジェクトへの要求などを考慮し、開発アプローチ（予測型、適応型、ハイブリッド型）の選択やフェーズやライフサイクルの定義などの活動を行います。
3. 計画	プロジェクトを計画的に進められるよう、スケジュールや予算、各種資源、調達、コミュニケーションなどの計画に関連する活動を行います。
4. プロジェクト作業	プロジェクト・チームが効率的かつ効果的に作業を行えるよう、プロジェクト作業手順の最適化や各種資源のマネジメント、調達の実行、コミュニケーションのマネジメントなどの活動を行います。
5. 測定	プロジェクトの事業価値の創出に向け、意思決定に役立つ信頼性の高い予測と評価を得るために、評価指標の選定や測定、情報の提示などの活動を行います。
6. ステークホルダー	ステークホルダーから協力が得られるよう、ステークホルダーの特定や理解・分析、対応決め、働きかけ（エンゲージメント）などの活動を行います。
7. チーム	プロジェクト・チームとして高い成果を生み出せるよう、メンバーやチームのマネジメントや育成・指導などの活動を行います。
8. 不確かさ	プロジェクトを実施する環境は、不確実なこともあるため、それらを考慮した対応などの活動を行います。

　　注　スコープとは

　　プロジェクトで作成する成果物の特性や機能のこと、または成果物を作成するために行う作業のことを指します。前者をプロダクト・スコープ、後者をプロジェクト・スコープと呼びます。

3 2 プロジェクト・パフォーマンス領域の関連性

　8つのプロジェクト・パフォーマンス領域は、図1.4「プロジェクト要素の主要関連図」と重ね合わせると、人や組織の活動であると表現できます。

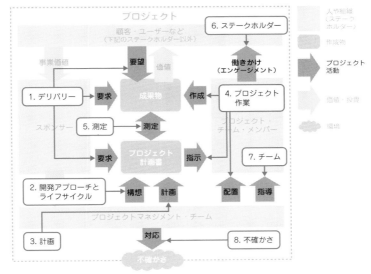

図3.1　8つのプロジェクト・パフォーマンス領域とプロジェクト要素との関連性

3 3 1. デリバリー・パフォーマンス領域

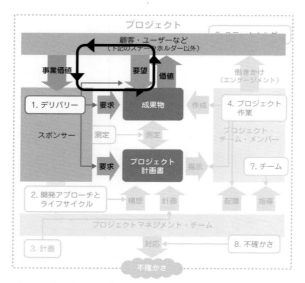

図3.2　デリバリー・パフォーマンス領域

前提知識

　プロジェクトは、スポンサーが目標とする事業価値を得られるよう、顧客満足をもたらす成果物を作成してステークホルダーに価値を提供（デリバリー）する業務です。着実に目標とする事業価値をもたらすためには、要求・要望と成果物、成果物と価値、価値と事業価値が整合しており、それをプロジェクト・チームが明確に理解している必要があります。

　この整合性を記述したのが、ビジネス・ケース文書です。企業では、稟議書や事業計画書として作成します。ビジネス・ケース文書には、価値がどのタイミングで得られるか、価値が生み出す想定効果などを記述します。

活動の目的

　デリバリー・パフォーマンス領域の活動は、プロジェクトの成果物がステークホルダーに価値を提供して満足させるために行うプロジェクトマネジメントの活動です。成果物およびプロジェクト計画への要求事項やスコープ、品質を明確にします。

活動の内容

価値の記述

　成果物がどのような価値を提供し、それが目標とする事業価値にどの程度貢献するのかを、ビジネス・ケース文書に記述します。ビジネス・ケース文書は、スポンサーがプロジェクトの承認や投資判断に利用されます。

　ビジネス・ケース文書の構成は、組織やプロジェクトの内容により異なります。事業投資を目的とするプロジェクトであれば、事業のニーズや投資対効果、リスクなどを重点的に記述します。一方、問題解決に取り組むプロジェクトであれば、解決方針やスケジュール、費用などを中心に記述します。

要求事項の定義

　要求事項には、成果物に関する事項と、成果物を作成するプロジェクト計画に関する事項の2種類があります。

　成果物に関する要求事項とは、ステークホルダーに価値をもたらすために、成果物が備えるべき能力や受入基準などを指します。

　プロジェクト計画に関する要求事項とは、スポンサーが事業価値を得るためには成果物をいつまでに、どのくらいの費用で作成すればよいかなどの条件を指します。

　この2つの要求事項が明確になるよう、要求や要望をスポンサーやステークホルダーから引き出す必要があります。

　しかし、プロジェクト開始前にすべての要求事項を明確にできるとは限りません。要求事項が時間とともに変化することもあれば、プロジェクトを進める中で新たに見つかることもあります。このため、要求事項は変化するものと考え、準備・対応することが必要です。

　上記のように、要求事項は一度明確にすればよいというものではなく、変化や追加に対応する必要があるため、成果物への対応漏れがないようにマネジメントすることが重要となります。

（要求事項の引き出し）

　要求事項を明確にするには、プロジェクト憲章に記述しているスポンサーからの要求や顧客・ユーザーなどのその他ステークホルダーからの要望を引き出し、文書化（テキスト、図）します。要求や要望を引き出すには、インタビュー、データの分析、問題点のレビューなどの手法を用います。作業効率向上に向けた要求事項を引き出す場合、作業者が改善すべき点に気付いていないことがあります。このようなときは、作業状況の観察や自ら作業の体

験をすることで、要求事項を見つけます。

　要求事項を文書化するときは、明確さ・簡潔さ・検証可能・一貫性・完全性・追跡可能性に注意を払います。

　プロジェクトの起案時点では、あやふやな要求事項、つじつまが合わない要求事項は多いものです。具体的なイメージを持たず、期待や希望を抽象的に伝えるステークホルダーもいます。「君、私が思っていることはわかるよな！　それを実現してくれ！」という方は、あなたの周りにはいませんか？

　「以心伝心」という言葉は、プロジェクトマネジメントにはありません。

（要求事項の変化への対応）

　ステークホルダーが事前に要求事項を明確にできないプロジェクトでは、プロジェクトを進めながら要求事項を明確にする必要があります。例えば、プロトタイプ、デモ、モックアップなどを利用して成果物を可視化することにより、「この機能は利用しない」「この箇所は、こうなるとよい」「考えていなかったが、その仕様は良いと思う」などの反応がステークホルダーから得られ、要求事項が明確になり、認識齟齬を減らすことができます。

　またステークホルダーが要求事項を再考し、要求事項が変わる場合があります。この変化を迅速に捉えるためにも、成果物の可視化は有効です。この要求事項の変化を取り込みやすいのが、後述する反復型、漸進型、アジャイル型などの適応型アプローチです。

参照　第3章「2. 開発アプローチとライフサイクル・パフォーマンス領域」…p.57

（要求事項のマネジメント）

　要求事項は文書化し、定期的に漏れや変化がないか確認する必要があります。ビジネス・アナリスト、プロダクト・オーナーなどと呼ばれている人が、この活動の責任を担っています。この責任者は、要求事項を専用のソフトウェアや一覧形式の書類などで適切に維持管理するとともに、その内容について関係するステークホルダー全員の合意を取り付けることが求められます。

　この活動が適切でないと、手直しの発生、スコープ・クリープ（管理できていない状況下でのスコープの拡大）などが発生し、予算超過やスケジュール遅延につながります。また顧客満足などの期待する成果が得られず、プロジェクトは失敗します。

スコープの定義

　要求事項が明確になったら、次にスコープを明確にします。第2章で注記

した通り、スコープにはプロジェクトで作成が期待されている成果物の特性
や機能を意味するプロダクト・スコープと、成果物を作成するために行わな
ければならない作業を意味するプロジェクト・スコープの2種類があります。

　スコープを明確にすると、さらなる要求事項に気付くこともあります。また、
スコープも、要求事項と同様に、時間とともに変化することや、プロジェク
ト作業中に新たに見つかることがあります。このため、スコープも変化する
ものと考え、準備・対応することが必要です。

（スコープの列挙）

　明確にした要求事項をもとに、プロジェクトで作成すべき成果物やその受
入基準、プロジェクトでの作業範囲などを、スコープ記述書に記述します。

アプリ開発プロジェクトスコープ記述書

1) 成果物
 ・アプリケーション：スマホ用とPC用から
 　構成
 ・操作教育：利用者向けアプリ教育
 ・アプリ安定稼働：アプリ稼働とサポート

2) 受入基準
 ・アプリケーションは、業務実施に必要な機
 　能を備え、登録は3秒以内に完了すること
 ・説明会参加者がアプリケーション操作方法
 　を理解し、自端末で操作体験すること
 ・利用者が支障なく業務でアプリを利用でき、
 　問い合わせや障害発生が収束していること

3) 作業範囲（プロジェクト・スコープ）
 ・要求事項を満たすアプリケーションの構築
 ・説明会用資料の作成
 ・説明会参加者への説明実施
 ・アプリケーションの稼働準備および稼働開始
 　後安定するまでの問い合わせ・トラブル対応

4) 作業一覧（WBS）
 ・別紙記載

5) スコープ外事項
 ・説明会に参加できなかった利用者への個別
 　サポート

6) 制約条件
 ・20xx年3月末までに、アプリの安定稼働を
 　実現すること
 ・スマホ用アプリケーションは、第三者機関
 　の脆弱性診断をパスすること

7) 前提条件
 ・スマホ用アプリケーションは、Androidお
 　よびiOSで利用できること
 ・PC用アプリケーションは、当社標準ブラ
 　ウザで利用できること

図 3.3　スコープ記述書の例

　スコープ記述書は、詳細な計画をプロジェクト・チームが立てる上での基
礎となる、非常に重要な文書です。またステークホルダー間でスコープの認
識に齟齬がないよう、プロジェクトの制約条件・前提条件についても検討・
明記します。

- 制約条件……プロジェクトの作業に制限を与える事項のこと。どのプロジェクトでも、予算やスケジュールは制約条件。その他、作業場所や外部から調達を行う場合の制限など
- 前提条件……確証なく確実と考えた事項のこと。アプリ開発プロジェクトの場合、想定利用者数やデータ量、利用する端末の仕様やソフトウェアなど

制約条件と前提条件を曖昧にしておくと、プロジェクトの成否に影響することも多いので注意が必要です。プロジェクト後半になってから、「エッ！そんな話は聞いていないよ！」と言わないためにも、制約条件と前提条件をステークホルダーと適宜確認する必要があります。

（スコープの要素分解）

スコープ記述書に列挙したプロダクト・スコープおよびプロジェクト・スコープをもとに、WBS（ワーク・ブレークダウン・ストラクチャー）を用いて、マネジメントしやすいように細かく分解します。

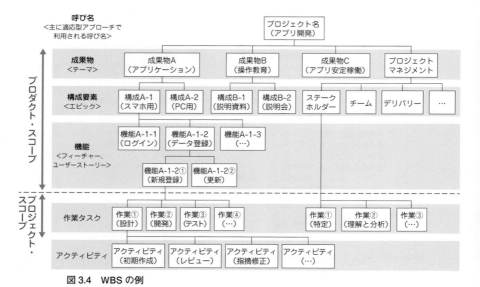

図3.4　WBS の例

WBS はプロジェクト目標を達成し、必要な成果物を作成するために、プロジェクト・チームが取り組むべき全作業を階層的に記述する手法です。成

果物を作成するための作業だけでなく、プロジェクトマネジメントとして行う作業も含めて記述します。

　デリバリー・パフォーマンス領域のスコープの要素分解では、スコープ記述書に記載した成果物を起点として、管理しやすい粒度まで構成要素（機能や部品、ユーザー・ストーリー）に分解します。

　開発アプローチとして、後述する予測型アプローチを採用した場合は、スコープ記述書をもとに WBS を利用し、概要レベルの成果物を詳細化してプロダクト・スコープを明確にします。

　開発アプローチとして、後述する適応型アプローチを採用した場合は、概要のテーマをエピックやフィーチャー、ユーザー・ストーリーへと要素分解と詳細化し、プロダクト・スコープを明確にします。

　次に、プロダクト・スコープの作成に必要な作業や成果を獲得するために必要な作業を洗い出し、プロジェクト・スコープとして列挙します。各作業のさらなる細分化（アクティビティ）は、「3. 計画・パフォーマンス領域」で行います。

Column

スコープの定義で失敗しないためには

　スコープの定義が曖昧だったり、漏れがあったり、認識相違があったり、それらの対応が遅れてプロジェクトが失敗に終わることはよくあります。SI ベンダーが情報システム構築を顧客から請け負うプロジェクトの場合、プロジェクト失敗の多くはこの問題に起因します。

　例えば、開発した情報システムのユーザー教育実施が、プロジェクト・スコープとして記述されていたとしましょう。このスコープを、SI ベンダーは顧客側の担当者に開発した情報システムの説明を行えばよいと理解したとします。しかし顧客側は、すべてのシステム利用ユーザーが操作方法をマスターするまで教育することと理解しているかもしれません。この認識相違はユーザー教育実施にかかる作業工数に影響するため、特にシステム利用ユーザー数が多いと、大きな問題につながります。

　このような問題を避けるために、スコープだけでなく、スコープ外事項も記述することを筆者はおすすめします。スコープの認識相違を減らすために、どこまでがスコープ内であり、どこからがスコープ外であるか、境界を文書化して双方で確認します。

（スコープの変化への対応）

　ステークホルダーの要求事項の変化やプロジェクト環境の変化に伴い、プロジェクト目標を変えざるを得ない場合があります。プロジェクト目標が変われば、成果物も変わり、スコープも見直しが必要になります。

　スコープが変わると、スケジュールや予算、資源などにも影響が出るため、変更管理を行い正式な承認が得られるまで、スコープの変化に対応すべきではありません。変更管理を行わずにスコープの変化に対応してしまうと、スコープ・クリープとなりプロジェクト成功が遠のくので、注意が必要です。

　例えば、社内で権限が強いステークホルダーや自分の上司から、あなたに作業を任せたいという理由で、その作業をプロジェクトの作業として進めるように指示されることが、一般企業では少なくありません。「ついでに、この件もプロジェクトで対応してほしい」と言われたら、要注意です。

品質の定義

　プロジェクトの成果物は、要求事項を満たす特性や仕様など（＝プロダクト・スコープ）が満たされているだけでなく、要求事項を満たす品質も確保されていなければなりません。第２章で記述したように、成果物の品質には、要求事項の適合性と使用適合性の２つの観点があり、両方を満たしていることが求められます。

　参照　第２章「プロジェクトマネジメントの原理原則」の「2. 品質」…p.25

　また成果物を作成する作業（＝プロジェクト・スコープ）に、非効率な作業や手順がないよう、プロセスの品質確保も求められます。

（品質の基準設定）

　プロジェクトおよび成果物の品質要求事項や基準を定め、その実現方法を文書化します。

　具体的には、会社の品質方針、政府機関などによる規制や標準、スコープ記述書に記載された成果物の受入基準などを遵守するために必要な作業手順や判断基準などを定め、プロジェクトマネジメント計画書に記述します。

　なお、品質を確保するための方針や手順、作業の実施方法は、プロジェクトを発足する組織の品質方針があれば、それに遵守します。

（品質の確保）

　成果物の欠陥や不良を回避し、定めた基準の品質を確保するには、予防と

評価が重要です。しかし、それらの活動にもコストがかかるため、欠陥や不良に対処するコストと比較し、バランスを見つけることが必要です。

品質の確保にかかるコストには、以下4種類があります。

①予防コスト（成果物作成前の対策にかかるコスト）
　成果物の欠陥や不良を防止するために、品質計画の作成、品質確保に向けたプロジェクト・チームのトレーニングなどにかかるコストです。

②評価コスト（成果物作成時のテストなどにかかるコスト）
　品質要求事項に適合しているか、測定、監視、評価する活動にかかるコストです。対象は成果物や作業だけでなく、購入資材や調達したサービス、調達先なども含みます。さらに、品質マネジメント自体が正しく機能しているかも確認します。

③内部不良コスト（成果物作成後、顧客への提供前の検査などにかかるコスト）
　顧客が成果物を受領する前に欠陥を発見して修正する活動などにかかるコストです。欠陥原因の特定、欠陥がある成果物の修理や廃棄などの活動が含まれます。

④外部不良コスト（顧客への提供後の対応などにかかるコスト）
　顧客が成果物を受領した後に発見された欠陥を修復する活動などにかかるコストです。欠陥原因の特定、返品受付、返品された成果物の修理・発送、苦情対応などの活動が含まれます。さらに、欠陥内容やその影響度合いによっては、企業の評判が大きく損なわれ、欠陥がない成果物の販売に影響が出る場合もあります。

　上述①〜④のコストの大きさは、以下の関係があり、特に④外部不良コストは、①予防コストの数十倍、数百倍となることもあります。

　　　①予防コスト ＜ ②評価コスト ＜ ③内部不良コスト ＜ ④外部不良コスト

　例えば、自動車のリコールにかかる外部不良コストは数百億円から数千億円です。以前発生したエアバッグのリコールは、数兆円のコストとなり企業の存続に影響しました。品質要求を満たすためには予防コストと評価コストがかかりますが、それは品質要求を満たさない場合に発生する内部不良コストや外部不良コストに比べると格段に安価なのです。

　また、「品質は計画、設計、作り込みにより達成されるものであり、検査に

よってではない」という考え方があります。これは欠陥やバグを検査やテストにより見つけ、対処することにより品質を上げようとするのではなく、そもそも欠陥やバグが発生しにくい設計や構築となるよう、作業手順やチェックの仕組みなどをプロジェクトで計画すべきということです。これは評価コストより予防コストのほうが安価になることからも、正しい考え方なのです。

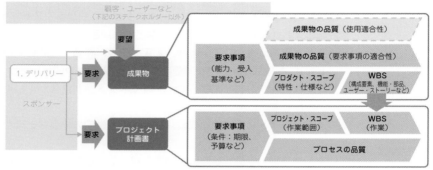

図 3.5　要求事項とスコープ、WBS、品質の関連性

活動上の注意点

WBS 作成時の要点

　漏れなくスコープを要素分解するには、MECE 注に注意を払うことが大切です。また 1 人で WBS を作成するのではなく、複数人で一緒に検討したり、自分が作成した WBS を他者にレビューしてもらったりすることをおすすめします。過去の同様のプロジェクトの WBS を参考にすることも有効です。

注　MECE とは

「モレなく、ダブリなく」の状態のことです。Mutually（相互に）、Exclusive（排他的）、Collectively（合計で）、Exhaustive（網羅的な）の各単語の頭文字からなる略語です。

2. 開発アプローチとライフサイクル・パフォーマンス領域

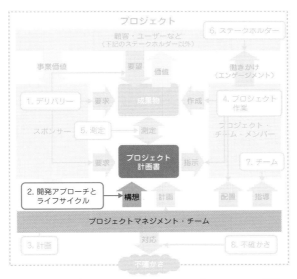

図 3.6　開発アプローチとライフサイクル・パフォーマンス領域

▌前提知識

　前述のように、プロジェクトには有期性という特徴があり、定められた期限内に定められた成果物を作成することが求められます。成果物に求める要求事項があらかじめ決まっている場合は、作業手順を定め、作業計画を作成し、要求事項を満たすために必要な材料などの物的資源と作業者などの人的資源を確保します。

　しかし、成果物は決まっているものの、要求事項が明確ではなかったり、不確かさがあったりするときは、どうすればよいのでしょうか？

　例えば、自宅に友人を招き、手作りのお菓子を振る舞うプロジェクト（以下、「手作り菓子 PJ」と記述）を考えてみましょう。

　あなたがお菓子作りに慣れていれば、必要な材料を調達しておき、料理本のレシピ通りに作業を進めれば、1 回の作成で美味しい手作りのお菓子ができて振る舞える可能性が高いと推測できます。しかし、お菓子作りに慣れておらず、どのような味になるか作ってみないとわからないという不確かさが

ある場合、お菓子を美味しく作れず、友人とあなたが残念な思いをしてしまう可能性が低くありません。このような場合、あなたならどうしますか？

　私なら、1、2 回失敗しても大丈夫なように 3 回作成できる分の材料を調達しておき、改善・工夫を行いながら 3 回お菓子を作ります。このようにすれば、手作り菓子 PJ の成功率を上げることができます。

　つまり、プロジェクトの成功率を高めるためには、成果物作成に向けてどのように取り組むかを考慮することも重要なのです。

　このように要求事項の状況に応じた成果物作成の進め方を、開発アプローチと呼びます。開発アプローチには、大きく以下の 3 種類があります[注]。

- 予測型アプローチ
- 適応型アプローチ
- ハイブリッド・アプローチ

注

　この分類は明確に定義されているものではなく、業界や時代の変化により相違があります。利用する場合は、名称ではなくその進め方を確認してください。

名称	予測型 アプローチ	ハイブリッド アプローチ	適応型 アプローチ		
別名	ウォーター フォール型		漸進型	反復型	アジャイル型
説明	プロジェクトの開始当初に要求事項を定義し、それに基づき作成した計画に沿い、作業を進める	予測型アプローチと適応型アプローチを組み合わせて、作業を進める	要求事項の詳細化・設計・開発を機能ごとに、段階的に行う	ステークホルダーのフィードバックに基づき、設計・開発・改善を繰り返し行う	ステークホルダーのフィードバックに基づき、要求事項や優先順位を見直し、定められた期間内に達成可能な作業を進める
特徴	プロジェクト開始時に要求事項を定義できる時に有効	成果物をモジュール化できる場合に有効	プロジェクト開始時に要求事項の不確かさと変動性が高い場合に有効		
事例	経理システム刷新	経理システム構築 （一部機能は段階的に提供・拡張）	注文住宅建築	シューズ開発	スマホアプリ開発

計画遵守重視　　　　　　　　　　　　　　　　　　　　　　　　　　　　要求対応重視

図 3.7　各開発アプローチの特徴

予測型アプローチ

　作成したい成果物の要求事項を、最初に明確にできるときに有効な進め方です。ウォーターフォール型とも呼ばれています。

　予測型アプローチでは、まず成果物に求める要求事項を明確に記述し、相違ないか関係者で確認します。次の段階では成果物のイメージ図や設計書などを作成して、相違ないか関係者で確認します。設計書の合意がとれたら、次の段階として成果物を作成して、相違ないか関係者で最終確認します。

　認識相違がなくなるまで、各段階を終了できません。もし認識違いがあれば、その段階をやり直せばよく、最初の段階からやり直す必要はありません。

　この1つひとつの段階のことを、プロジェクト・フェーズまたはフェーズと呼びます。各フェーズでは、要件定義書や設計書などの1つ以上の成果物を作成する一連の作業を行います。

　手作り菓子PJで苺のショートケーキを作る場合、ケーキ作りに慣れていれば予測型アプローチは有効です。まず料理本やインターネットのレシピサイトなどを参考に作りたい苺のショートケーキを選び、材料などを調達します（準備フェーズ）。準備が完了したら、手順通りに苺のショートケーキを作ります（作成フェーズ）。

　予測型アプローチの場合、レシピ通りに作れば美味しい苺のショートケーキを作れますが、完成後に友人が苺をあまり好きでないことを思い出した場合、作成フェーズまたは準備フェーズからやり直しになってしまいます。

適応型アプローチ

　予測型アプローチは、有効な取り組み方ではありますが、万能ではありません。要求や要望を伝えるスポンサーやステークホルダーなどが、成果物の要求事項を最初に明確に説明できない場合、フェーズごとに進めても、最後に納得される成果物になるとは限らないためです。

　このような場合に有効な進め方が、適応型アプローチです。成果物の要求事項を最初に確定して作成を進めるのではなく、段階的に確定して成果物を作成します。

　適応型アプローチは、さらにいくつかの型に分類できます。

　①漸進型

　　機能単位などで要求事項を確定してから作成を進めるやり方です。

　　手作り菓子PJで苺のショートケーキを作る場合、まずは土台となるスポンジ部分の材料を調達し納得できるまで作ることに相当します。納得

できるスポンジを作れるようになったら、次にクリームの材料を調達し納得できるまで繰り返し作ります。クリームも納得できるまでになったら、最後に苺を調達してデコレーションに取り組みます。このように部分ごとにフェーズを分けて作るのが漸進型です。

漸進型を用いた場合、友人が苺をあまり好きでないことを、苺を調達するまでに気付けば、プロジェクトへの影響は限定されます。

②反復型

要求事項の確定と作成を繰り返し、要求事項に近づけるやり方です。

手作り菓子 PJ で苺のショートケーキを作る場合、レシピに沿って材料を調達してから苺のショートケーキを作ることに相当します。試食しスポンジが固すぎる、クリームが甘すぎるなどの改善点を見つけたら、再度材料を調達して作ります。これを繰り返すことにより、納得できる苺のショートケーキに近づけます。

反復型を用いた場合、何回もケーキを作らなければならないため作業負荷は高いですが、より要求事項に合った苺のショートケーキを作ることができます。

③アジャイル型

要求事項の優先順位付けを行い、定められた期間内に優先順位が高い要求事項に対応することを繰り返すやり方です。主にソフトウェアの開発で採用されています。

ハイブリッド・アプローチ

予測型アプローチと適応型アプローチを組み合わせた進め方です。全体としては予測型アプローチで進め、一部成果物の作成を適応型アプローチで進める場合、ハイブリッド・アプローチになります。

手作り菓子 PJ で苺のショートケーキを作る場合、1 つはレシピ通り予測型アプローチで作り、もう 1 つは適応型アプローチの反復型を利用して自分なりのアレンジをしたケーキを作ることに相当します。

デリバリーとケイデンス

PMBOK では、成果物として提供することをデリバリー、複数回デリバリーする場合、その周期や頻度のことをケイデンス（cadence）と呼びます。

例えば、スマホアプリの開発は、2 週間ごとにデリバリーを行い（＝ケイデンスが 2 週間）、ステークホルダーの評価を得て機能改善や追加を行うことがあります。

プロジェクト・ライフサイクル

プロジェクト開始から終了までの、一連のフェーズのことをプロジェクト・ライフサイクルと呼びます。

■ 活動の目的

プロジェクトや成果物の特徴に合わせ、最適な開発アプローチやフェーズ、プロジェクト・ライフサイクルなどを検討・選定し、プロジェクト全体の進め方を決めることです。

■ 活動の内容

PMBOK7では、①成果物、②プロジェクト、③組織の特徴を考慮して開発アプローチを選択することを推奨しています。またプロジェクトのフェーズとライフサイクルは、開発アプローチをもとにデリバリーとケイデンスを考慮して定義します。

開発アプローチの選択

（Step1 成果物の特徴を考慮）

開発アプローチの選択は、成果物の分割可否、要求事項やスコープの変更可能性、成果物の先進性などの特徴を考慮することが大切です。

分割ができず、すべて完成しないとデリバリーができない、つまり価値を提供できない成果物の場合、予測型アプローチが基本となります。

例えば、ダム建設プロジェクトの場合、ダムが完成しないと価値は得られません。そこで、できる限り設計・計画通りに作業を進められるようプロジェクトを推進します。

一方、要求事項やスコープがステークホルダーの意向などにより変わる可能性が高い場合は、その要求に柔軟に対応するには適応型アプローチのほうが好ましいかもしれません。

高度な技術を初めて採用する、これまで利用しなかった原料を用いるなど、成果物の先進性が高いプロジェクトの場合は、想定外の仕様変更やトラブル対応の発生が多く、計画通りには進められない可能性が高くなります。このため、予測型アプローチよりも、状況に応じて計画を見直しやすい適応型アプローチのほうが適しています。

（Step2　プロジェクトの特徴を考慮）

　開発アプローチの選択は、ステークホルダー、スケジュールなどのプロジェクトの特徴も考慮する必要があります。

　主要ステークホルダーのプロジェクトへの期待が一致していない場合は、予測型アプローチを用いるならば、最初にステークホルダーの期待を調整するフェーズを実施すべきです。または適応型アプローチを用いて、プロジェクトの途中での変更や中断に対応しやすくするのも一案です。

　またプロジェクト期間が長いと、ステークホルダーのプロジェクトへの関心は低下してしまいます。そこで、漸進型や反復型を用いてデリバリーの回数を増やし、プロジェクトの成果を訴求しやすくすることで、関心を持ち続けてもらうという案もあります。

（Step3　組織の特徴を考慮）

　開発アプローチの選択は、プロジェクトを発足する組織の特徴も考慮します。

　プロジェクト・マネジャーの権限が小さく、プロジェクトでの決定は組織の階層構造の中で行う企業の場合、反復型やアジャイル型を用いても、デリバリーの確認がとれず有効なフィードバックが得られないかもしれません。

　またプロジェクト・チームのメンバーを多くせざるを得ない組織の場合、アジャイル型ではメンバー間のコミュニケーション負荷が増えて作業効率が下がってしまう可能性があるので、何かしらの工夫が必要になります。

（Step4　開発アプローチの選定）

　成果物、プロジェクト、組織などの特徴を考慮して、最適な開発アプローチを選定します。選定した開発アプローチにより計画作成や体制構築なども大きく変わるので、独断や慣習では決めず、客観的に比較検討し、経験者などに意見を聞くことを推奨します。

フェーズとライフサイクルの定義
（予測型アプローチを選択した場合）

　予測型アプローチを選択した場合、作業内容や成果物（含む、中間成果物）が異なる、連続する複数フェーズがライフサイクルとなります。ただしフェーズが終了しないと次のフェーズには進めません。デリバリーは基本１回です。

　例えば、企業の経理システムを刷新するプロジェクトでは、以下のフェーズに分けて作業を進めます。

- 計画フェーズ：プロジェクトの目的・目標を明確にし、大枠のスケジュールや初期の体制、プロジェクトの進め方などを定め、中間成果物であるプロジェクト計画書を作成し、SIベンダーに業務委託する
- 要件定義フェーズ：新経理システムで実現したい機能要件などをSIベンダーが利用者などに確認し、中間成果物である要件定義書を作成する
- 設計・開発フェーズ：確定した要件をもとに、中間成果物である設計書やソフトウェアをSIベンダーが作成する
- テスト・移行フェーズ：SIベンダーから受領したソフトウェアをテストし、業務運用できるか確認し、問題がなければ新経理システムとして移行する
- 運用・保守フェーズ：新経理システムでの業務運用が安定するよう、必要に応じてシステムを改修・改善する。業務の安定化が見込めたら、プロジェクトを終結する

（適応型アプローチ（漸進型）を選択した場合）

　適応型アプローチで漸進型を選択した場合、計画・設計・構築などの一連のフェーズを機能ごとに実施します。この一連のフェーズは、予測型アプローチと同様に、前のフェーズが終わらないと次のフェーズには進めません。

　構築した機能ごとに利用できる場合、デリバリーは一連のフェーズの回数となります。全機能が揃わないと利用できない場合、デリバリーは最後の1回であり、それまでは中間成果物となります。

　例えば、注文住宅を受託し建築するプロジェクトでは、以下のフェーズに分けて作業を進めます。

- 全体構想フェーズ：施主から要望やこだわりなどを聞き、建築する家のイメージを施主に提示する。また家の構造や間取り、大枠の予算、完成までにかかる期間などを見積る
- 基礎・構造工事の詳細検討・調達・施工フェーズ：工事請負契約を締結したら建築計画を詳細化し、基礎工事や構造工事に必要な部材や大工など手配し、工事を開始する
- 外壁・造作工事の詳細検討・調達・施工フェーズ：外壁塗装の開始前に、施主に塗装の種類や色を確定してもらい、塗料の調達や外壁塗装業者への作業依頼などを行う
- 内装工事・設備設置の詳細検討・調達・施工フェーズ：部屋のイメージや設置する家具の色などを考慮し、施主に壁紙を選定してもらった後、

壁紙の手配と工事依頼などを行う。また防犯カメラの設置などの追加依頼があった場合は、機器の追加手配と工事依頼などを行う
- 全体確認フェーズ：建物が完成したら、市区町村による完了検査を受け、施主の立ち合いチェックを行う
- 終結フェーズ：鍵の受け渡し後、残金の支払いや登記などを行う

（適応型アプローチ（反復型）を選択した場合）

　適応型アプローチで反復型を選択した場合、計画・設計・構築などの一連のフェーズを繰り返し実施することで品質を向上させ、利用者の要求に近づけます。この一連のフェーズは、予測型アプローチと同様に、前のフェーズが終わらないと次のフェーズには進めません。

　構築した成果物が利用可能であれば、デリバリーの回数は構築した利用可能な成果物の提供回数と同じになります。

　例えば、スポーツ用品メーカーが、スポーツ選手と共同して走りやすいシューズを開発するプロジェクトの場合、いくら要求事項を記述し、新しいシューズのイメージ図を描いても、実際に開発したシューズを履いて走ってみないと走りやすいか否かは確認できません。そこで、シューズ開発プロジェクトでは、試作・試走を繰り返せるように、反復型で作業を進めます。

- 構想フェーズ：消費者のニーズや協力してくれるスポーツ選手の意見・希望を聞き、開発するシューズのコンセプトを決めて、デザイン案を作成するとともに、開発期間や試走の回数などを決める
- 改良フェーズ：スポーツ選手の意見をもとに、シューズの改善点および改善方法を検討する
- 試作フェーズ：検討した改良事項をもとに、履けるシューズを試作する
- 試走フェーズ：試作したシューズを、スポーツ選手に履いて走ってもらい、各種データを集め、走った感想をもらう
　上記、改良フェーズ、試作フェーズ、試走フェーズを、あらかじめ決めた回数以内で、試走するスポーツ選手が納得するまで繰り返す
- 商品化フェーズ：商品化に向けた審査などの準備を進める
- 引き継ぎフェーズ：商品生産に必要な設計書などは生産部門に引き継ぐとともに、製品開発で得た知見などを整理した報告書を作成し、プロジェクトを終了する

（適応型アプローチ（アジャイル型）を選択した場合）

　適応型アプローチでアジャイル型を選択した場合、計画・設計・構築などのフェーズという単位ではなく、イテレーションまたはスプリントと呼ぶプロジェクトで定めた一定期間を単位とし、それを繰り返し実施することにより、機能拡充や品質向上を実現して利用者の要求に近づけます。デリバリーはイテレーションごとに行われます。

　例えば、スマホアプリ開発プロジェクトでは、以下手順で作業を進めます。

- 準備：成果物で実現が期待されている要求事項（バックログと呼びます）を洗い出し、実現する優先順位を決める
- イテレーション1：当イテレーションで開発するバックログを選び、その作業内容の詳細化、作業分担、作業計画を作成する
  例：アプリ操作履歴の閲覧機能を当イテレーションで開発する場合、その機能の詳細設計、開発、テストの作業分担や作業実施日を決める
  プロジェクト・チーム・メンバーは協力して開発・テストを行う。イテレーション期間の最後に、実現した機能などをステークホルダーに提示し、フィードバックをもらう。またプロジェクト・チーム・メンバー内で当イテレーションの振り返りを行う
- イテレーション2：イテレーション1の活動結果およびステークホルダーから得たフィードバックをもとに、バックログと優先順位を見直した後、当イテレーションで開発するバックログの選定、作業内容の詳細化、開発・テストなどを行う
  イテレーションをプロジェクト期間内で、繰り返し実施する
- 終結：プロジェクト期間が終了したら、プロジェクト・チームは解散し、成果物を引き継ぐ

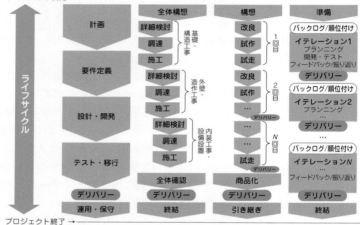

	フェーズ	デリバリー	

名称	予測型 アプローチ	適応型 アプローチ		
別名	ウォーター フォール型	漸進型	反復型	アジャイル型
デリバリー・ ケイデンス	1 回だけの デリバリー	1 回だけのデリバ リー／複数回のデ リバリー	複数回の デリバリー	定期的な デリバリー

プロジェクト開始 →

ライフサイクル

計画	全体構想	構想	準備
	詳細検討	改良	バックログ/順位付け
	調達	試作	イテレーション1 プランニング 開発・テスト フィードバック/振り返り
要件定義	施工	試走	デリバリー
	詳細検討	改良	バックログ/順位付け
	調達	試作	イテレーション2 プランニング
設計・開発	施工	…	デリバリー
	詳細検討	…	バックログ/順位付け
	調達	…	イテレーションN
テスト・移行	施工	試走	フィードバック/振り返り
	全体確認	商品化	
デリバリー	デリバリー	デリバリー	デリバリー
運用・保守	終結	引き継ぎ	終結

基礎・
構造
工事　1回目

外壁・
造作工事　2回目

内装工事・
設備設置　N回目

デリバリー

プロジェクト終了 →

図 3.8　開発アプローチ、フェーズ、デリバリー・ケイデンスの関連性

活動上の注意点

選択できる開発アプローチの制限

　すべてのプロジェクトで、すべての開発アプローチを選択できるわけではありません。特に適応型アプローチのアジャイル型は、アプリなどのソフトウェア開発であれば選定しやすいですが、ダム建設プロジェクトの場合、現実的には選定できません。

　予測型アプローチはどのようなプロジェクトでも選定できますが、要求事項の変更が多いと、変更管理作業が増えてしまうため、万能とはいえません。

　プロジェクトに適した開発アプローチを選択することは、プロジェクトを成功させるための第一歩です。

Column

私にはアジャイル型は関係ない？

「プロジェクトをアジャイル型で進めるのは、ソフトウェア開発だけでしょ？ 私が進めているのは建設関連のプロジェクトだから関係ないよ！」「ソフトウェア開発はしているけれど、アジャイル型が有効なのは UI が重視されるソフトウェアだし、企業の基幹システムを構築している自分には関係ない！」などと考えている人はいませんか？

実は、筆者も以前そのように考えていました。

「お客様の要望に沿うことは重要だけど、2 階建ての家を作っているのに、完成近くに 3 階建てにしたいと言われても対応できないでしょ！」「アジャイル型では、2 週間で区切って作業を進めるんでしょう？ 企業の基幹システムのデータ設計は、それだけで数か月はかかるから現実的ではない」と考えていました。

また、「これからはアジャイルの時代だ！」「ウォーターフォールはもう古い！ すべてアジャイルで進めるべきだ！」などの雑誌やネットの記事を目にするたびに、慣れ親しんだ予測型アプローチが否定されていると思い、悲しい気持ちになりました。

しかしあるとき、上記のような考えは、自分の無知や不勉強がもたらしていると気付きました。

PMBOK7 では、アジャイル型の開発が一例の適応型アプローチと、ウォーターフォール型の開発に代表される予測型アプローチが、並列に記述されています。しかし、アプローチの優劣についての記述はありません。プロジェクトの目的や目標、成果物により、どの手法が適しているか考えることを推奨しています。状況によっては両者の良いとこどりをしたハイブリッド・アプローチの採用も検討すべきと説明しています。

すべてのプロジェクトでアジャイル型を利用できるわけではありません。しかし、適応型アプローチの利点を活かし、デリバリーを増やして顧客の意見を聞く機会を増やせないか？ ケイデンスを短くしてその都度プロジェクトの活動を振り返り、改善に活かせないかと考えるのは、どのプロジェクトでも必要なことです。

テスラ社のギガネバダ工場建設プロジェクト、マドリードの地下鉄延伸プロジェクトは、成果物のモジュール化を進めたことで、不確かさがある需要変動に対応しやすくなり、価値を早期に提供できた事例です。また最初のモジュール構築で得た知見を後続作業に活かし、効率的かつ高品質な作業が可能になったそうです（引用 2）。

私には関係ないと目をそらしたり、慣れない手法だからと遠ざけたりするのではなく、良いところは自分のプロジェクトにも取り入れられないか考えてみる。プロジェクトを成功に導くプロジェクトマネジメントに関わる 1 人として、筆者はこのように考えをあらためました。

3 5　3. 計画・パフォーマンス領域

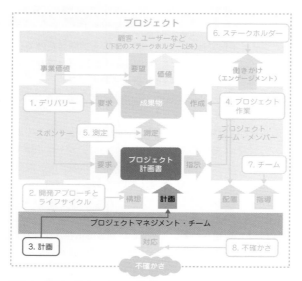

図 3.9　計画・パフォーマンス領域

■ 前提知識

　プロジェクトには有期性という特徴があるため、定められた期間内に終えることが重要です。また独自性という特徴もあるので、目的や目標、成果物を強く意識し作業や手順を考慮することが必要です。

　つまり、プロジェクトの目標とする価値を得るために、以下を考慮し計画を作成します。

- どのような作業を、どのような手順やスケジュールで進めるのか？
- 作業を行う人的資源であるプロジェクト・チーム・メンバーは、どのような能力・スキル・経験を持つ人材が、いつ、何人必要なのか？
- 作業で利用する物的資源は、何が、いつ、どのくらい必要なのか？
- ステークホルダーから最善の協力を得るためには、いつ、どのようにコミュニケーションをとればよいのか？
- それらの作業に必要な費用は、いつ、いくらかかるのか？　など

活動の目的

　プロジェクトの目標とする価値を得るために、成果物の作成に必要な作業や手順などを定め、それに必要なスケジュールや予算、体制、要員などを計画・調整することです。

活動の内容

概要計画の作成

　計画の作成は、プロジェクトが正式に開始する前から始めます。起案されたプロジェクトの目的である事業価値を得るためには、どのような手順や方法で作業を進め、どのくらいスケジュールや予算が必要なのか検討・計画し、ビジネス・ケース文書やプロジェクト憲章として記述したものが、概要計画です。

　概要計画は、プロジェクトが実現可能かつ目標達成が可能か、スポンサーなどが判断するのに必要な事項を記述します。記述内容は粗く、スケジュールも年単位や月単位で記述することもあります。

　ビジネス・ケース文書として概要計画を記述する場合は、組織で決まった様式があれば、それに従い記述します。プロジェクト憲章として概要計画を記述する場合は、以下の内容を含めることを推奨します。

- プロジェクトの概要、目的または妥当性
- プロジェクトの目標および成功基準
- プロジェクトの主要成果物
- 顧客、スポンサー、その他ステークホルダーの大枠での要求事項
- 制約条件、前提条件、リスク
- プロジェクト・マネジャーの決定と任命および権限のレベル
- 主要ステークホルダーの情報
- 要約したスケジュールおよび予算

　プロジェクト憲章は、プロジェクト実施が承認された後、プロジェクトマネジメントを行う基礎となる重要な文書です。

プロジェクト計画作成の準備
（影響する事項の確認）

　プロジェクトの計画作成は、以下の事項に大きく影響を受けます。まだ明

確になっていなければ、プロジェクトマネジメント・チームで検討します。

- **開発アプローチ**：成果物やプロジェクト、組織の特徴を考慮して、最適な開発アプローチが選定されているか確認する。選定した開発アプローチにより、計画の作成方法は異なる
- **成果物**：WBSなどを用い、すべての成果物が列挙されていることを確認する。計画作成後に成果物の不足が見つかった場合は計画変更が必要になるので、この時点で確認することが重要となる
- **プロジェクト環境など**：組織によっては、プロジェクトの管理・報告のルールが定まっている場合があり、それを前提とした計画作成が必要となる。また、プロジェクトの成果物や内容によっては、法律や規制の遵守が必要となり、定められた計画書の作成・提出が求められるため、計画作成に影響する

（スコープの確認）

　計画の作成に先立ち、まずビジネス・ケース、ステークホルダーの要求事項、スコープを正確に認識することが必要です。第2章で注記したように、スコープには2種類あります。プロジェクトで作成が期待されている成果物の特性や機能を意味するプロダクト・スコープと、成果物を作成するために行わなければならない作業を意味するプロジェクト・スコープです。

　プロダクト・スコープ、プロジェクト・スコープは、「1. デリバリー・パフォーマンス領域」の「スコープの定義」で定義します。

（管理ルールの定義）

　スケジュールやコストの管理で利用する以下事項などを定義します。

- **利用単位**：人時 or 人日 or 人月、円 or 千円 or 百万円、など
- **把握レベル**：WBSの何レベル、など
- **定量化ルール**：定性データを定量化する場合の換算ルール

　例えば、ソフトウェア開発の進捗率を、コーディングが終わったら進捗50%、単体テストが終わったら進捗80%、リーダーによる結果確認が終わったら進捗100%と決めます。

スケジュールの作成（予測型アプローチ採用時）

　予測型アプローチを採用した場合、WBS をもとに、以下 6 つのステップでスケジュールを作成します。

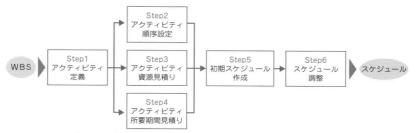

図 3.10　スケジュール作成の手順（予測型アプローチ採用時）

（Step1：アクティビティ定義）

　プロジェクト作業の見積り、スケジューリング、実施、進捗管理などの単位となる「アクティビティ」を定義します。

　WBS などをもとに、プロジェクトの置かれている環境や過去のプロジェクトの経験などを参考にして、成果物の作成に必要な作業を、アクティビティという単位まで分解します。

（Step2：アクティビティ順序設定）

　アクティビティ間には、守るべき順序関係が存在する場合があります。例えば家を建てる場合、外壁を作ってから外壁塗装を行います。エアコンを取り付けるには、室内の壁紙貼りと電気工事が終わっている必要があります。アクティビティの順序関係を無視すると、成果物を予定通りに作成できない、作業のやり直しや二度手間が発生するなど、好ましくない事態になります。

　このため、アクティビティ間の順序関係を明確にすることは、現実的で達成可能なスケジュールの作成に必須となります。

（Step3：アクティビティ資源見積り）

　アクティビティの完了に必要な、物的資源量や作業量などを見積ります。

　例えば、家の外壁塗装（下塗り、中塗り、上塗りの 3 回）というアクティビティには、塗料のカタログや過去の実績、見積り担当者の経験などをもとに、ペンキ 6 缶と作業者 2 人が 3 日間必要だと見積ります。

　なお、作業量を見積る場合は、作業工数という単位を利用する場合があります。これは標準的なスキルを持つ作業者が単位時間内に行える作業量を数値で表した単位です。

- 1 人時：標準的な作業スキルを持つ作業者が、1 時間で行える作業量
- 1 人日：標準的な作業スキルを持つ作業者が、1 日間で行える作業量（1 人日＝ 8 人時^注）
- 1 人月：標準的な作業スキルを持つ作業者が、1 ヶ月間で行える作業量（1 人月＝ 20 人日^注）

注

　人時を人日、人日を人月に換算する係数は、業界や企業により相違があるため、利用する場合は事前確認が必要です。

　例えば、ある機械の組立作業に 4 人時の作業量が必要という見積りをした場合、この組立作業は作業者 1 名が 4 時間作業を行えば、終えられることになります。同じ機械を 20 台組み立てる場合は、80 人時（＝ 4 人時 × 20 台）の作業量と計算できます。

（Step4：アクティビティ所要期間見積り）

　Step3 のアクティビティ資源見積りの結果をもとに、専門家の意見、過去の情報などを参考にし、アクティビティ所要期間を算出します。
　所要期間を見積るときは、主に以下の 3 種類の手法を利用します。

①類推見積り
　過去の類似アクティビティの実所要期間を参考に、見積る方法。
　非常に簡易的ですが、アクティビティの類似性が高い場合は信頼性が高い見積りとなります。通常はプロジェクトの初期段階などの詳細情報が不明な場合に利用します。
　例えば、作成した資料を上司にレビューしてもらう場合の上司の工数は、1 人時だとします。しかし多忙な上司が、すぐにレビューしてくれるとは限りません。経験上、2 日間あればレビューをしてもらえるならば、上司のレビュー作業の所要期間は、2 日間と見積ります。
②パラメトリック見積り
　過去のアクティビティの実績値などをもとに、作業単位当たりの作業時

間を算出し、その値をもとに所要期間を見積る方法。

例えば、上記例の 80 人時の機械の組立にかかる所要期間は、作業人数と作業者が 1 日に作業できる時間により、以下のように見積ります。

- 作業者 1 名が 1 日 8 時間作業：10 日間（＝ 80 人時 ÷（8 人時 / 日・人 × 1 人））
- 作業者 1 名が 1 日 4 時間作業：20 日間（＝ 80 人時 ÷（4 人時 / 日・人 × 1 人））
- 作業者 4 名が 1 日 4 時間作業：5 日間（＝ 80 人時 ÷（4 人時 / 日・人 × 4 人））
-

③三点見積り

見積りのブレを加味することで、より正確な所要期間を算出する方法。

具体的には、所要期間を通常に見積りした値（最頻値）と最良のシナリオで作業が進むことを想定した見積り値（楽観値）、最悪のシナリオで作業が進むことを想定した見積り値（悲観値）の 3 種類の見積り値に重み付けを行い算出します。計算例は下記の通りです。

三点見積り値
＝（ 4 ×（最頻値）＋ 1 ×（楽観値）＋ 1 ×（悲観値））÷ 6

（Step5：初期スケジュール作成）

作業開始日からアクティビティの実施順に所要期間を割り当てていくと作成できるのが、初期スケジュールです。

初期スケジュールは、実務で利用できる完成したスケジュールではない可能性があります。それは、プロジェクトのスポンサーなどのステークホルダーから要求されている期限などを考慮していないからです。

初期スケジュールが、要求されている期限内に作業が終わる計画になっていない場合は次の Step6 が必須になります。

（Step6：スケジュール調整　A. スケジュール短縮）

初期スケジュール通りでは、要求されている期限に間に合わない場合があります。あるいはスケジュールでは間に合う見積りでも、現実では遅延が発生しやすい場合も多くあります。初期スケジュールを見直し、期限に間に合い、実現可能かつ遅延が発生しにくいスケジュールへと初期スケジュールを見直すのが、スケジュール調整です。

　初期スケジュールでは要求されている期限に間に合わない場合、まず行うべきことはスケジュールのクリティカル・パスを知ることです。クリティカル・パスとは、アクティビティを線で結んだときに最長となる経路です。

　図 3.11 を見てください。アクティビティ①（所要期間 4 日間）、②（所要期間 3 日間）、③（所要期間 5 日間）を、それぞれ担当者 A、B、C が行う計画だとします。アクティビティ①と②は同時に開始しますが、アクティビティ③はアクティビティ①と②が終了しないと開始できないとします。この場合のクリティカル・パスは、アクティビティ①とアクティビティ③を結んだ線になります。

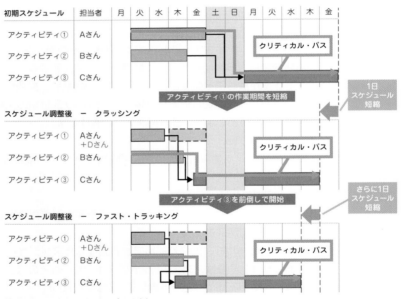

図 3.11　クリティカル・パスの例

　スケジュールを短縮するには、クリティカル・パス上のアクティビティの所要期間を短縮する必要があります。クリティカル・パス上にないアクティビティの所要期間を短縮しても、スケジュールは短縮できません。

　例えば、アクティビティ②の作業終了からアクティビティ③の作業開始までは 1 日の空き（この差を「ラグ」と呼ぶ）があり、アクティビティ②の作業期間を 3 日間から 2 日間に短縮しても、ラグが増えるだけで、全体のスケジュールは短縮できません。

アクティビティの所要期間を短縮するには、以下 2 通りの方法があります。

● クラッシング

クリティカル・パス上のアクティビティの作業者を増やすことで、所要期間を短縮する方法です。

例えば、担当者 A が 1 日 8 時間、4 日間で行う予定だったアクティビティ① (作業量：32 人時) は、1 日 8 時間作業ができる担当者 D に協力してもらうことで、半分の 2 日間 (2 日間＝ 32 人時 ÷ (8 人時／日・人 × 2 人)) で終えられる計算になります。これにより、アクティビティ③は 1 日早く開始することができ、全体としては 1 日早く終了できるスケジュールとなります。

ここで注意が必要なのは、上記の場合はスケジュールを短縮できるのは 1 日であり、アクティビティ①で短縮した 2 日ではありません。これはアクティビティ①の所要期間を短縮したことにより、クリティカル・パスが変わったためです。スケジュールをあと 1 日短縮するには、アクティビティ②か③の所要期間を短縮する必要があります。

なお、作業者を増やさず、担当者が残業を行い 1 日で作業できる時間を増やすのもクラッシングの一種です。

クラッシングはわかりやすい方法ですが、アクティビティによっては計算通りに所要期間を短縮できず、逆に当初の所要期間より長くなってしまうこともあります。例えば、作業者間で連携が必要なアクティビティや作業を覚えるのが難しい場合などです。残業も長時間労働になると作業生産性が落ち、計算通りには作業が進まないことは、読者の皆さんも経験したことがあるのではないでしょうか？

このためクラッシングを利用する場合は、アクティビティの内容を考慮し、作業期間の短縮ができそうか検討することが必要です。

● ファスト・トラッキング

アクティビティ順序設定で、前のアクティビティが終わってから着手すべきとしたアクティビティを、前倒しで開始することにより、所要期間を短縮する方法です (この差を「リード」と呼ぶ)。

例えば、図 3.11 のスケジュール調整後－クラッシングでは、アクティビティ③はアクティビティ②の終了後に開始するスケジュールになっています。アクティビティ③の内容が、アクティビティ②の一部でも終わっていれば作業を開始できるならば、アクティビティ③の作業を 1 日前倒しにして木曜日に開始すれば、全体としては 1 日早く終了できるスケ

ジュールになります。

ファスト・トラッキングも取り組みやすい方法ですが、アクティビティや前後関係によっては、見込み通りに全体のスケジュールが短縮できず、逆に当初のスケジュールより延びてしまうこともあります。例えば、ソフトウェアの設計書がすべて完了する前に開発作業を開始すると、設計書の修正が必要となった場合、開発作業の手戻りが発生します。

このためファスト・トラッキングを利用する場合は、無理のない範囲で前倒しにする必要があります。

(Step6：スケジュール調整　B. 資源の割り当て考慮)

次に、各アクティビティに必要なスキルなどを考慮し、具体的なメンバーや物的資源を割り当てます。スケジュールしたタイミングでは必要なスキルを持つメンバーを確保できない、器具や材料などの物的資源を調達できないという可能性もあります。それらを踏まえて、アクティビティの実施時期や所要期間を見直し、スケジュールの調整を行います。

さらに、具体的なメンバーの稼働予定が決まったら、各メンバーが 1 日の可能稼働時間を超過していないか、確認することも必要です。逆に手が空くメンバーがいないかを確認し、必要に応じて作業割振りを見直します。これを資源の平準化と呼びます。

(Step6：スケジュール調整　C. 作業遅延への対策)

最後に、作業の進捗に遅れが発生した場合でもプロジェクト全体に影響が及びにくいよう、以下の検討・調整を行います。

- 所要期間の見積り精度が低いアクティビティを早めに開始する
- クリティカル・パス上のアクティビティを減らす
- コンティンジェンシー予備と呼ばれる追加期間を盛り込む

上記のような検討を継続することにより、遅延が発生しにくく、また遅延に強いスケジュールを作成することができるのです。

スケジュールの作成（適応型アプローチのアジャイル型採用時）

予測型アプローチを採用した場合、WBS で洗い出した成果物や機能をすべて作成する前提で、作業やアクティビティを洗い出してから、スケジュールを作成しました。一方、適応型アプローチのアジャイル型を採用した場合、

洗い出した成果物であるテーマ、その構成要素であるエピック、機能である
フィーチャーをすべて作成するとは決まっていません。このため、スケジュー
ル作成のステップが異なります。

(Step1：デリバリーするイテレーションの回数と期間、メンバー決め)

　顧客やユーザーに成果物を提供する時期（リリース）と主要なフィーチャー
を構想します。各リリースに向け、成果物の作成状況を確認するためのデリ
バリーやケイデンスを定めます。また成果物の作成を担うチームおよびメン
バーを選定します。

　例えば、経営判断として製品Aの新バージョンを、顧客のニーズを踏まえ
て半年ごとに市場に提供することにしたとします（＝リリースが半年ごと）。
この半年のリリース時に提供する目玉となる機能はあらかじめ定めています。
リリースまでの半年間のうちに2週間（ケイデンス）ごとに、8回（イテレー
ション）のデリバリーを行うと決め、その作業を担うメンバーを選定します。

(Step2：成果物・フィーチャーなどの優先順位付け)

　成果物が生み出す価値などを考慮し、フィーチャーの優先順位付けを行い
ます。ただしフィーチャーの優先順位は、イテレーション開始前に、前回の
デリバリー結果などを踏まえて見直します。

　例えば、製品Aの提供予定のフィーチャーが40個あった場合、その優先
順位を1番から40番まで定めることに相当します。

(Step3：タスク見積りとイテレーション内で実現するフィーチャーの選定)

　フィーチャーの優先順位を確認し、優先順位の高いフィーチャーの開発に
必要なタスクやアクティビティを洗い出して、作業工数を見積ります。その
想定工数をもとに、2週間のケイデンスで開発可能なフィーチャーを選定し
ます。

　例えば、製品Aに必要とされている40個のフィーチャー（機能）のうち、
優先度の高い5個のフィーチャーを開発しようと作業工数を見積ったところ、
この2週間では4個のフィーチャーしか開発できないと判断した場合は、本
イテレーションでの開発は優先順位の高い4個とします。

(Step4：スケジュール作成)

　本イテレーションで開発するフィーチャーのタスク、アクティビティを、
メンバーに振り分けます。

注

　上記の Step1 〜 4 は筆者の考えに基づく記述であり、PMBOK7 で明示されているわけではありません。予測型アプローチのスケジュール作成との違いを理解していただくために記述しました。

| Column

予測型アプローチと適応型アプローチのスケジュール作成の違い

　予測型アプローチに慣れている方からすると、適応型アプローチのスケジュール作成は馴染めず、受け入れにくいのではないでしょうか？

　「プロジェクトは成果物ありき、納期ありきで進める活動なのに、成果物・フィーチャーなどの優先順位付けをしたら、成果物を完成できないだろう！」と、筆者も思っていました。受け入れにくい原因は、前提条件として「成果物は完成させなければならない」と考えていたためでした。適応型アプローチを理解するには、まずこの前提を忘れる必要があります。

- 予測型アプローチ：前提条件＝スコープ（成果物の完成）、作業期間
  ⇒ 作業期間内に終えるための要員数
- 適応型アプローチ：前提条件＝作業期間、要員数
  ⇒ 終えられるスコープ（成果物・フィーチャー）

　適応型アプローチがすべてのプロジェクトで利用できるわけではありません。成果物が保有すべき機能や仕様が厳格に決まっているプロジェクトであれば、予測型アプローチを採用し実現可能なスケジュール作成を行うべきです。しかし、すべてのプロジェクトで成果物の機能や仕様がすべて決まっているわけではありません。機能は多少削っても、得られる価値が最大となるように優先順位を見直すことは、身近なプロジェクトにはよくあります。

　例えば、観光地（＝スコープ）が決まっているツアー旅行は予測型アプローチです。多くの観光地を効率的に巡れますが、各観光地での滞在時間が短くなり、「ゆっくり見られず、十分楽しめなかった」ということになる可能性があります。

　一方、往復の移動とホテルだけ決めている自由旅行は適応型アプローチです。訪問したい観光地を洗い出し、優先順位を決めて自分の意思で巡ります。1 日目の観光地をもう一度行きたいと思ったら、2 日目に再訪すればよいのです。訪問予定だった観光地のすべてに行けなかったとしても、訪問した観光地の満足度は上がります。

資料作成のプロジェクトでも適応型アプローチは利用できます。期限内に予定していた全パートの作成が間に合いそうにないとき、残業を前提としたり、要員を追加したりして、何とか全パートを作成しようと考えるのが、予測型アプローチのスケジュール作成です。一方、決められた期間内に確保できる作業工数をもとに、資料の読者が重視しているパートの作成に多くの時間を割き、それ以外のパートは簡略化するか記述しないことを考えるのが、適応型アプローチです。

すべてやらなければという思い込みを捨てることができれば、適応型アプローチが利用できる場面は増えるのではないでしょうか？

適応型アプローチを否定したり、予測型アプローチの応用形に過ぎないと思い込み、自分の知識や経験だけで理解しようとしたりしている限り、適応型アプローチの有用性に気付くことは難しいと、筆者は自身の経験から考えます。

予算の計画

予算の計画とは、プロジェクトの遂行に必要なコストを見積り、予算化し、承認をとることです。

プロジェクトで発生する見込みのコストの金額およびその発生タイミングを見積り、集約して、コスト・ベースラインを作成します。それに予備費を含めて予算を作成します。

具体的には、以下 3 つのステップで行います。

（Step1：コスト見積り）

スコープ記述書や WBS、後述する調達の計画などをもとに、プロジェクト環境や過去の実績などを参考に、プロジェクト全体のコストを見積ります。

コストを見積るときは、主に以下 3 種類の手法を利用します。

- 類推見積り：過去の類似プロジェクトの実コストを参考にコストを見積る方法。非常に簡易的だが、プロジェクトの類似性が高い場合は信頼性が高いコストの見積りとなる。通常プロジェクトの初期段階などの、詳細情報が不明な場合に利用する
- ボトムアップ見積り：詳細なアクティビティごとのコストを見積り、それを集計することで総額を算出する方法。一般的にアクティビティを細かく定義しているほど、コストの見積り精度は上がる
- パラメトリック見積り：過去のデータをもとに実コストとそれに影響を及ぼす変数との関係を統計処理し、その値をもとにコストを見積る方法。

　例えば過去の統計・経験から木造 2 階建ての家の建築費は、家の建坪と内装のグレードにより見積れることがわかっているとする。内装が中程度のグレードの場合は建坪当たり 80 万円ということが統計・経験からわかっているとすると、建坪が 30 坪の家の建築費は 2,400 万円（＝80 万円 / 坪 × 30 坪）という見積りになる

　コストの見積りは一度行えば完了するものではありません。プロジェクトが進み、より詳細なことが決まった段階などで、適宜見直す必要があります。

（Step2：コスト・ベースライン算出）
　Step1 で見積ったコスト、プロジェクト・スケジュール、後述する調達の計画などをもとに、プロジェクト環境や過去の実績などを参考に、コスト・ベースラインを算出します。
　コスト・ベースラインとは、必要となるコストを時系列に展開したもので、進捗管理や資金繰りを行う上で重要な基準となります。横軸に時間、縦軸に累積コストとしてグラフにすると、通常 S カーブとなります（図 3.12）。これはプロジェクトの最初のうちはコストがあまりかからず、プロジェクトが進むにつれて増加し、プロジェクトの終了に近づくとかからなくなることを意味します。

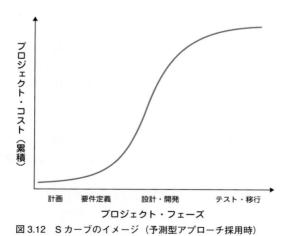

図 3.12　S カーブのイメージ（予測型アプローチ採用時）

（Step3：プロジェクト予算の設定）

　プロジェクトを計画通りに進めることができれば、コスト・ベースラインをプロジェクト予算としてもよいのですが、実プロジェクトでは避けられない不確かさや想定外の作業への対応など、計画以上に費用が必要になります。そこで、予算を計画する際は予備費を盛り込むことを推奨します。

　予備費には、以下2種類があります。

- コンティンジェンシー予備：価格の変動やリスクへの対応など不確かさを想定した予算
- マネジメント予備：想定外の事象に対処するための予算

　予備費を確保しておかないと、少しの金額でも組織内で追加承認をとる必要が発生し、プロジェクト・マネジャーらの工数がかかる、調達が予定通りにできなくなるなど、プロジェクトに好ましくない影響が出てしまいます。

人的資源の計画

　人的資源とは、プロジェクト・チームとしてプロジェクト活動を担う人材を指します。

　人的資源の計画とは、各プロジェクト・チームが必要とするプロジェクト・チーム・メンバーに求める役割や能力、スキル、経験などを特定し、その必要なタイミングと工数を見積り、獲得の計画を立てることです。

　プロジェクト・チームを編成する場合、作業場所についての考慮も必要です。オンライン会議システムが普及していますが、プロジェクトの内容によっては1箇所に集まらないと作業ができない、または非効率になる場合もあります。メンバーが海外にいる場合は、時差も考慮しなければなりません。

物的資源の計画

　物的資源とは、プロジェクトで必要とする人以外の資源のことを指します。

　物的資源の計画とは、求められる成果物を作成するために必要な原材料や工具機材、PCや通信機器、テスト環境やライセンスなどの物的資源の、種類（装置や資材の種別など）や性質（規格、等級など）を特定し、必要なタイミングと数量を見積り、獲得の計画を立てることです。

　物的資源は、配送や保管、廃棄などにリード・タイムや費用が必要な場合があり、スケジュールや予算にも影響するため、計画作成が重要です。

調達の計画

　調達とは、人的資源や物的資源をプロジェクトの外部から購入・取得することです。

　調達の計画とは、プロジェクトに必要な人的資源や物的資源を、どこから調達するのかを計画しておくことです。

　具体的には、プロジェクト・スコープに対して内外製分析を行い、組織の内部で対応するのか、外部からプロダクトやサービスを購入・取得するのか検討します。この結果はスケジュールや予算に影響するだけでなく、プロジェクトを発足する組織の意向にも影響を受けるので、スポンサーを含む組織内のステークホルダーなどに事前確認することをおすすめします。

　なお調達の実施は、プロジェクト期間内の必要な時期に行います。調達の進め方は、「4. プロジェクト作業・パフォーマンス領域」で説明します。

コミュニケーションの計画

　プロジェクト成功にはステークホルダーとのコミュニケーションが重要です。コミュニケーションの計画とは、ステークホルダーが必要とする情報とその伝達方法などについて見極め、文書化することです。

　何のために、誰に、いつ、どの程度の頻度で、何の情報を、どのような形式（正式、略式、書面、口頭など）や方法（報告書、掲示板、電子メール、電話、プレゼンテーションなど）で、伝達するかを計画します。

　定期的なスポンサーへの報告会やステークホルダーへの説明会だけでなく、プロジェクト全体の進捗会議などについても計画することをおすすめします。詳しくは、「6. ステークホルダー・パフォーマンス領域」で説明します。

変更への対応

　プロジェクトの計画をいかに緻密に行ったとしても、プロジェクトを進めていると、何かしら変更が発生します。

　ステークホルダーの要求事項が変わったことによる変更対応もあれば、不確かさへ対応するための変更対応もあります。また作業遅延が発生し、スケジュールの見直しが必要なこともあります。独自性という特徴があるプロジェクトにおいては、変更はつきものであり、避けては通れません。

　そこで変更が必要になった場合、変更要求の速やかなレビュー・分析・対応の認否判定を行うことが重要です。また変更対応が承認されたら、各種計画の更新・調整などを行います。さらに、この変更対応手順を通らずに変更されることへの抑止策の検討も必要です。

　予測型アプローチを採用した場合、すべての変更要求は、プロジェクトマネジメント・チーム内の権限がある者か、スポンサーや顧客などのステークホルダーで構成する変更管理委員会がレビューを行い、対応の承認または否認を決めます。

　適応型アプローチのアジャイル型を採用した場合、イテレーションごとにプロダクト・オーナーがバックログの優先順位を決めます。

プロジェクトマネジメント計画書への統合

　プロジェクトマネジメント計画書とは、プロジェクトの成果物やそれを作成するための計画、作業の実施、測定などを記述した文書であり、プロジェクト・マネジャーはこれに従いプロジェクトを運営します。

　プロジェクトマネジメント計画書は、プロジェクト憲章をもとに、上述の各計画を整理・統合して作成します。PMBOK や組織として持つ過去の経験、利用可能な標準やテンプレートを利用できますが、それらはあくまで参考資料であり、すべてのプロジェクトでそのまま有効とは限りません。プロジェクトの置かれている環境や利用可能な資源などを考慮し、専門家の助言などを参考に、取り組むプロジェクトに最適なプロジェクトマネジメント計画書を作成することが必要です。

　このように、プロジェクトごとに最適な計画になるよう調整・工夫することを、テーラーリング（⇒ **p.39**、第 2 章「プロジェクトマネジメントの原理原則」の「10. テーラーリング」）と呼びます。PMBOK7 では、このテーラーリングの重要性が強調されています。

活動上の注意点

作業工数 ≠ 作業期間

　アクティビティ資源見積りで算出する作業工数と、アクティビティ期間見積りで算出する作業期間を、混同してしまわないように注意してください。

　1 人が 1 日 8 時間で終えられる作業量を表す 1 人日という作業工数は、その人が 1 日 8 時間その作業を行える場合、作業期間は 1 日間です。しかし、1 日 4 時間しか作業を行えない場合、作業期間は 2 日間となります。

予備期間

　スケジュール作成時には、スケジュール遅延のリスクを考え、コンティンジェンシー予備と呼ばれる追加期間を盛り込むことも考えます。ただしプロ

ジェクトが進み、より正確な所要期間の見積りができるようになったら、コンティンジェンシー予備は削減または削除することが必要です。

計画作成に費やす時間

プロジェクト開始から終了までの精緻な計画を作成することは、プロジェクトを着実に進めるためには有効です。しかし、後述の不確かさが高いプロジェクトでは、計画作成に時間をかけすぎることは得策ではありません。プロジェクト推進中に、計画を見直す可能性が高いからです。必要以上に作業を詳細化しすぎないことを、ぜひ心に留めておいてください。

3 | 6 | 4. プロジェクト作業・パフォーマンス領域

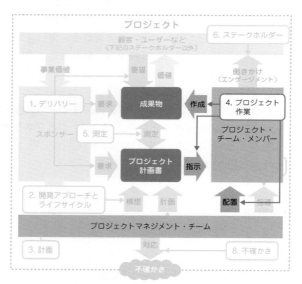

図 3.13　プロジェクト作業・パフォーマンス領域

前提知識

プロジェクトは計画が重要ですが、いかに精緻な計画を作成したとしても、それを実施できなければプロジェクトを成功に導くことはできません。プロジェクト・チーム・メンバーが効率的に作業ができるよう、具体的な作業の

進め方や手順、ルールを定め、作業環境を整備し、チームとして生産性が最大化できるよう働きかけします。また適切なタイミングおよび内容・方法での、ステークホルダーへの情報提供も必要です。

活動の目的

　プロジェクト・チームが計画に沿い効率的および効果的に作業ができるよう、プロジェクトの作業手順の最適化、ステークホルダーとの適切なコミュニケーション、適切なタイミングでの物的資源の取得、チーム能力の向上などに取り組むことです。

活動の内容

プロジェクト作業のマネジメント

　プロジェクトマネジメント・チームは、「3. 計画・パフォーマンス領域」で作成したスケジュールなどの計画に沿い、担当作業を進めるようプロジェクト・チーム・メンバーに作業やアクティビティの実施を指示します。これにより、プロジェクトは成果物作成に向けて推進します。

　しかし、作業指示さえすれば、プロジェクト・チーム・メンバーが計画通り、かつ効率的に作業できるとは限りません。プロジェクトの特徴やメンバーのスキルなどを考慮し、プロジェクト全体またはプロジェクト・チームごとに作業の進め方や手順、ルールを定めることが必要です。また定期的にレビューし、改善することも求められます。

　例えば、毎週実施している進捗報告会が、予定時間の1時間で終わらず、毎回1.5時間以上かかっている場合、進捗状況報告は事前配布の資料を各自が確認することとし、プロジェクト課題の検討を中心に進めるようにするなど、作業の進め方や作業ルールを見直します。

　このような作業の進め方などの見直しにかかる作業の量や頻度は、「3. 計画・パフォーマンス領域」で行った各種計画の妥当性や緻密性によります。非常に実現性の高い計画であれば、各メンバーは計画に沿って予定通り作業を進め、変更要求も少ないため、プロジェクト・マネジャーはあまりすることがありません。逆に実現性の低い計画や不確かさが高いプロジェクトの場合、頻繁な計画の修正、各種トラブルへの対応・調整で、目が回るほど忙しくなります。

制約条件のマネジメント

第 1 章で記述したように、プロジェクトの成功には、制約条件を満たすことが必要です。制約条件には、品質やスケジュール、コストがありますが、それだけではありません。法規制の遵守や社会的影響、環境への影響などが制約条件になる場合もあります。

しかし現実のプロジェクトでは、すべての制約条件を満たすことが難しい場合も少なくありません。品質、スケジュール、コストの制約条件は満たせても、環境に悪影響を及ぼす製品を開発・提供したら、組織の評判に影響が出てしまいます。または法規制に遵守し環境への影響なども十分考慮した製品開発でも、コストが計画よりも増大したり、製品完成までの期間がかかりすぎたりしたら、事業計画に影響が出てしまいます。

そこでプロジェクトマネジメントとして行うべきことは、プロジェクトの目的・目標を踏まえ、これら制約条件のバランスをとることです。

例えば、環境への影響を考慮した結果、取り組むべき作業が増えたとします。これはスコープの拡大となり、スケジュールの遅延やコスト増大につながります。過剰のコスト増大はプロジェクトの存続に影響するので、許容可能な範囲に収まるよう一部スコープの縮小などを検討します。いくつかの案を作成し、プロジェクトのスポンサーに承認を得た上で、各種計画を変更して（⇒ p.89、「変更のマネジメント」）、メンバーに伝達します（⇒ p.89、「コミュニケーションのマネジメント」）。

このような制約条件のバランスをとることは、プロジェクトマネジメントとして取り組むべき作業です。

人的資源のマネジメント

プロジェクトの推進に必要な人的資源を、計画に沿って調達・確保し、チームに割り当て、役割と権限を与えます。その後、プロジェクト・チーム・メンバーの作業状況を監視し、メンバーが価値創出に向けモチベーションを維持し作業を進めているか、作業内容や作業量が能力などを考慮して妥当かなど、プロジェクトの遅延や問題につながりそうな事象に気を配ります。

人的資源に起因する問題やリスクがある場合は、メンバーの追加や交代、指導などの対応を行います。

物的資源のマネジメント

プロジェクトの推進に必要な物的資源を、計画に沿って発注・保管・配送などを行います。プロジェクト作業に必要な物的資源がないと、作業は計画

通りに行えず、作業遅延につながります。しかし、物的資源が必要になる前に取得しすぎると、保管場所が広域になって効率的に作業できなくなったり、保管費用が想定以上に発生したり、消費期限がある資源を廃棄せざるを得なくなったりします。

　物的資源の消費状況を考慮し、必要なタイミングに、必要な量を、調達契約に従い、取得することが求められます。

調達の実行とマネジメント

（調達準備）

　外部から調達することを決めた場合、いつ、どの部分を、どのような契約タイプで取得すべきかを検討し、納入候補者に渡す入札文書や発注先選定に必要な評価基準などを検討・作成します。

　入札文書とは、納入候補者から提案を得るために用いる文書のことであり、一般的には情報提供依頼書（RFI：Request For Information）、見積り依頼書（RFQ：Request For Quotation）、提案依頼書（RFP：Request For Proposal）などと呼ばれるものです。

　評価基準は、納入候補者から受領した提案書を評価・採点する際に利用するものです。どの納入者でも成果物の品質などが変わらないのであれば、評価基準は価格や納期などが中心となります。成果物を作成するのに複雑な手順や高度な技術、長い期間が必要な場合には、手順を管理するマネジメント力や成果物の作成に必要な技術力の有無、一時的に資金負担できる企業の財務力なども評価基準となります。

（提案依頼）

　調達準備が終わり、入札文書を納入候補者に配布・説明します。

　誰に入札文書を配布するかは、組織により異なります。一般企業の場合、取引実績をもとに納入候補者を選ぶか、インターネットの情報や業界カタログなどを参考に、入札文書の配布先となる納入候補者のリストを作成します。

　入札説明会は、納入候補者に調達内容の理解を高めてもらうために実施するものです。入札を公正に行うには、入札説明会を含め、すべての納入候補者を対等に扱う必要があります。

（評価選定）

　納入候補者から受領した提案や回答、提案の説明などを評価し、適切な納入者を選定します。

　これは評価基準を利用して行います。評価における先入観を排除するために、先に各評価基準に重み付けを設定し、重み付けと各評価点を乗じた値の合計点で納入候補者の順位付けを行うことをおすすめします。

（調達契約）

　選定した納入者と正式な契約を締結します。

　調達契約のタイプは、購入者と納入者の負担するリスクの度合いにより、大きく３種類に分類できます。

- 定額契約：成果物の取得に対して請負金額を決め、成果物が取得できたときに対価として請負金額を払う契約。この契約の場合、購入者は費用の変動リスクを納入者に転嫁できるが、通常その分請負金額は上がる
  成果物が明確で変更が発生しにくい場合はよいが、プロジェクトのスコープや成果物の仕様が変更される可能性が高い場合は、契約の見直しなどにより問題が発生しやすいため、購入者も納入者も注意が必要
- 実費償還契約：納入者が成果物の作成にかかった費用に、納入者の利益相当分を加えた金額を払う契約。この契約の場合、購入者は契約時に総額が不明確であるというリスクを負う
  成果物の仕様が変更になる可能性が高い場合に利用されるが、納入者にコスト意識が生まれにくく、効率的にならない場合があり注意が必要
- タイム・アンド・マテリアル契約（T&M契約）：定額契約と実費償還契約の両面を持ち、実際に購入者が支払う金額は、単位時間あたりのレートに作業に費やした時間を乗じて求めた金額とする契約。資源のレートをあらかじめ決めておくという点では定額契約に似ているが、契約時に総額がわからないというリスクを負う点では実費償還契約に似ている

　正式に契約したら、後述の「変更のマネジメント」により、スケジュールや予算などの更新を行います。また納入者はステークホルダーとして対応します。

（調達コントロール）

　納入者が契約に従って行動しているか、契約履行状況を確認します。また作業範囲や成果物の仕様などに変更が発生した場合、納入者と調整し、必要に応じて契約を見直します。また契約に従い、納入者へ支払いを行います。

コミュニケーションのマネジメント

プロジェクト・チーム・メンバーを含めたステークホルダーに、必要な情報を、適切な時期に、適切な方法で伝えます。

具体的には、プロジェクト・チーム内の進捗会議、スポンサーなどへの報告会、その他ステークホルダーへの説明会などを、「3. 計画・パフォーマンス領域」の「コミュニケーションの計画」に沿って行います。

送信者は、受信者が正しく理解できるよう、書面や口頭などの手段、図の利用や身振り手振りなどの伝え方を、配慮・工夫する必要があります。

コミュニケーションを適切に行えていなかった場合、情報伝達漏れや情報伝達間違いなどが起こりやすくなります。「私はその話は聞いていない」という言葉が発せられるプロジェクトでは、「コミュニケーションのマネジメント」に問題があると言わざるを得ません。「6. ステークホルダー・パフォーマンス領域」で説明するステークホルダーへの「エンゲージメント」の強化や、「3. 計画・パフォーマンス領域」で説明した「コミュニケーションの計画」の見直しが必要となります。

変更のマネジメント

プロジェクトの計画から変更が発生した場合、事前に定めた変更対応の手順に沿い、適切に対応する必要があります。

予測型アプローチを採用した場合、変更管理委員会で対応の承認が得られた承認済み変更をもとに、影響するスコープやスケジュール、予算などの計画を変更します。また変更した計画をもとに作業を進めるようプロジェクト・チームに指示し、変更内容やその影響などをステークホルダーに伝えます。

適応型アプローチを採用した場合、変更への対応は得られる価値を最大化するための活動であり、積極的に対応することが求められます。しかし、際限なく変更に対応していてはプロジェクトを終了することができません。そこで、プロジェクトのスポンサーと協力し、予算への影響やプロジェクト・チーム・メンバーの可用性、得られる価値を加味し、プロダクト・オーナーに相談の上、プロジェクトの完了を決めます。

なお、具体的な計画の変更は、「3. 計画・パフォーマンス領域」の「変更への対応」で実施します。

プロジェクト期間を通じた学習

プロジェクトを推進する中で気付き、学ぶことは少なくありません。それはプロジェクト固有の内容もあれば、他のプロジェクトでも活用できる知識

の場合もあります。

　これら知識をプロジェクトで共有・活用するための活動が、プロジェクトマネジメントには求められます。

　具体的には、知識をマニュアルやデータベースに登録する仕組みを作り、メンバーにその登録を促し、プロジェクト・チームにはその知識の利用を推奨します。またプロジェクト内勉強会を開催し、知識をメンバー内で共有・討議することにより、さらなる気付きや学びにつなげます。

　一方、プロジェクトは有期的活動であり、プロジェクトが終了するとプロジェクト・チームは解散しメンバーも離散するため、プロジェクト内で得られた知識も失われてしまう可能性があります。そこでプロジェクトで得た知識は、プロジェクト内部だけでなく、プロジェクトを発足した組織へフィードバックする活動もプロジェクトマネジメントには求められます。

　何か困ったことに遭遇したとき、過去のプロジェクトで同様の問題を乗り越えた事例はないか調べ、その経験をした人に話を聞こうと行動できる。プロジェクトを発足した組織がこのような状態になっていれば、知識が組織の有益な財産となっている証です。

　上記のようなプロジェクトで得た知識を集積・共有する活動は、プロジェクト終了後のプロジェクト反省会だけではなく、プロジェクト実施期間中も継続的に実施することが推奨されています。

プロジェクトの終結

　プロジェクトは有期性のある業務であり、明確な期限があります。その期限内にステークホルダーの要求事項を満たす成果物を作成し、期待されていた価値を提供して成功裡に終える場合もあれば、スコープ・クリープが発生してスケジュールや予算が超過し、中断・中止せざるを得ない場合もあります。どのような状況で終えるにしても、いつかはプロジェクトを終結させることが必要です。

　具体的には、プロジェクト実施のために締結した各種契約を終結し、顧客またはスポンサーが成果物を正式に受け入れるための調整・折衝などを行います。またプロジェクトで作成した文書などを整理し、プロジェクトで成功した点や失敗した点を文書にまとめ、プロジェクト知識として残すことなどがあります。

活動上の注意点

調達の管理者

　企業によっては、調達はプロジェクトとは別の部門などが一括管理している場合もあります。そのような場合でも、プロジェクト・マネジャーは契約内容を十分把握し、納入者が契約通りに行動しているかを確認する必要があります。

3 **7** 5. 測定・パフォーマンス領域

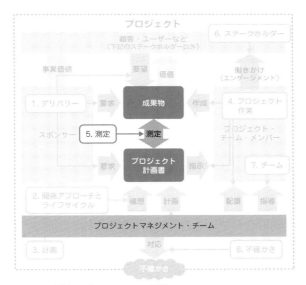

図 3.14　測定・パフォーマンス領域

前提知識

　プロジェクトの状況を把握するには、プロジェクト活動に関するデータの収集が必要です。しかし、時間も工数もかかることから、手当たり次第にいろいろなデータを測定することは好ましくありません。プロジェクトの状況を把握でき、適切な行動の検討に利用できる効果的な評価指標の選定が必要です。

　効果的な評価指標は、SMART 基準を満たしています。SMART 基準とは、

｜Column

PMBOK7 での変更点：①プロジェクト・マネジャーの登場頻度減

　PMBOK7 より以前の版では、プロジェクトマネジメントの中心はプロジェクト・マネジャーでした。プロジェクトの成功請負人であるプロジェクト・マネジャーが、プロジェクト・チーム・リーダーなどとプロジェクトマネジメント・チームを結成し、プロジェクトを運営し、成功に導く。このような考え方が強くあったと筆者は考えます。

　しかし、PMBOK7 ではプロジェクト・マネジャーの活動に関する記述が減り、代わりにプロジェクトマネジメント・チームまたはプロジェクト・チーム・メンバーの役割に関する言及が増えました。

　これはプロジェクト・マネジャーが不要になったわけでも、その責務が軽減されたわけでもなく、プロジェクト・チーム・メンバーの各自がリーダーシップを発揮し、自律的に行動して価値を出すことが重要である、という考え方が広まっていることへの適応だと筆者は理解しています。

　プロジェクトマネジメントも、時代の潮流を踏まえて適応・改良を続けているのです。

　以下の用語の頭文字から構成される特性のことです。

- Specific（具体的である）：測定する対象は具体的である
- Meaningful（有意義である）：測定結果が適切な行動の検討に役立つ
- Achievable（達成可能である）：評価指標で設定した目標は達成可能
- Relevant（関連性がある）：評価指標はプロジェクトの目標と関連する
- Timely（適時である）：測定は適時取得できる

┃ 活動の目的

　プロジェクトの事業価値の創出に向け、意思決定に役立つ信頼性の高い予測と評価を得ることです。

┃ 活動の内容

評価指標の選定と測定
　測定対象や測定方法は、プロジェクトの目的や目標などにより相違します。

以下では、対象の分類ごとによく利用されている評価指標を紹介します。

（成果物）
作成したプロジェクトの成果物に関する評価指標です。

- **精度、信頼性**：計画値と実績値を測定・比較し、成果物の設計・構築の妥当性を評価
- **欠陥数**：欠陥の発生推移を測定し、欠陥への対策が有効か評価
- **欠陥発生率**：成果物の機能数、テスト件数などに対する欠陥数を測定・算出し、想定内に収まっているか評価

（デリバリー）
適応型アプローチを採用したプロジェクトで利用されることが多い、作業状況に関する評価指標です。

- **仕掛り作業数**：仕掛り中の作業項目数を測定し、プロジェクトの要員数や工数を考慮して、マネジメント可能な範囲に収まっているか評価
- **リード・タイム**：バックログに入ってからリリース終了までの経過時間を測定し、プロジェクト・チームの生産性などを評価
- **プロセス効率**：付加価値を生む時間と生まない時間の割合を測定し、プロジェクトの作業の進め方や手順、ルールの改善余地がないかを評価

（スケジュール）
プロジェクト作業スケジュールの計画と実績に関する評価指標です。

- **開始日と終了日**：作業開始日の計画と実績、終了日の計画と実績を測定・比較し、計画通りに作業が完了した度合いを評価
- **作業工数と所要期間**：それぞれの計画と実績を測定・比較し、見積りの妥当性を評価
- **スケジュール差異（SV）**：ある時点までに完了した作業などにかかった換算コスト（アーンド・バリュー（EV））とその予定コスト（プランド・バリュー（PV））との差異を測定・算出し、作業見積りの妥当性や作業の進捗状況を評価（下記コラムの「アーンド・バリュー・マネジメント（EVM）」参照）

（コスト）

プロジェクトの作業にかかるコストに関する評価指標です。

- **実コスト（AC）**：ある時点までに費やした実際の人件費や資源のコストを測定し、見積りコストと比較し、予算の利用状況を評価（下記コラムの「アーンド・バリュー・マネジメント（EVM）」参照）
- **コスト差異（CV）**：ある時点までに完了した作業などにかかった換算コスト（アーンド・バリュー（EV））とその実コスト（AC）との差異を測定・算出し、見積りの妥当性や予算の利用効率を評価（下記コラムの「アーンド・バリュー・マネジメント（EVM)」参照）

Column

アーンド・バリュー・マネジメント（EVM)

　ある時点でのプロジェクトの作業実績がプロジェクト・スケジュールより前倒しで進んでいれば、プロジェクトは順調といえるのでしょうか？　または、ある時点でのコストの実績がコスト・ベースラインより下回っていれば、プロジェクトは順調といえるのでしょうか？　相互に関連するプロジェクトのスコープ、コスト、スケジュールの実績測定の結果を統合し、プロジェクトの現状や将来の見込みについて評価できるのが、アーンド・バリュー・マネジメント（EVM）という手法です。

　EVMでは以下の3つの値を利用します。

- プランド・バリュー（PV）：ある時点までに行う予定の作業などにかかる計画上のコスト
- アーンド・バリュー（EV）：ある時点までに完了した作業などの換算コスト
- 実コスト（AC）：ある時点までに費やした実際のコスト

　例として、20個の成果物を作成するプロジェクトで成果物1個の作成に1日の作業時間と100円のコストが必要だとしましょう。その場合、単純に計算すると作業開始10日後には10の成果物が完成しており、1,000円のコストを利用している計画になります（10日後にPV = 1000）。また、作業開始20日後がプロジェクト完了予定日となり、コストの合計（完成時総予算）は2,000円という計画になります（20日後にPV = 2000）。

しかし作業が計画通りに進むとは限りません。例えば、作業開始10日後に8個の成果物しか完成しておらず（10日後に EV = 800 = 8×100）、一方、実際に使ったコストは10日間で900円（10日後に AC = 900）だったとします。

この状態を、「作業は遅れているけどコストは計画以下だから大丈夫」と思ったら、大間違いです。

図3.15を見てください。このままのペースで作業を行うと、作業が終わるのは25日目（EV = 2000 となる日数）であり、プロジェクトが完了するまでに 2,250円（EV = 2000 となる日数の AC の値；完成時総コスト見積り（EAC））のコストがかかる予想となります。スケジュールが遅延するだけでなく、コストも予算を超過してしまいます。これは、「10日間で11個できたけれど1,200円のコストがかかった」といった場合にも当てはまります。

予定より使ったコストが少ないから問題ないとか、作業が予定よりも進んでいるから大丈夫などと、自分の感覚だけで状況を判断してしまうと、後で予算が足りなくなって頭を抱えることになります。

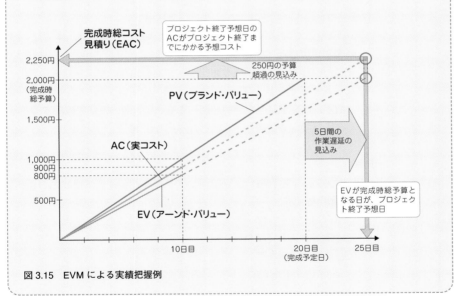

図3.15　EVM による実績把握例

（資源）

　プロジェクト全体のコストに対し、プロジェクトで利用する資源のコストの占める割合が大きい場合に重視すべき評価指標です。

- 資源の使用量差異：資源の使用量の計画と実績との差異を測定・算出し、見積りの妥当性や資源調達量の見直し要否を評価
- 資源のコスト差異：資源にかかったコストの計画と実績との差異を測定・算出し、見積りの妥当性やプロジェクト全体の予算への影響を評価

（事業価値）

プロジェクト成果物が事業にもたらす価値に関する評価指標です。

- 費用便益率：プロジェクトのもたらす想定価値の総計に対する想定コスト総計の割合を算出し、投資としてプロジェクト実施が妥当かを評価
- 投資対効果：プロジェクトがもたらす利益に対するコストを算出し、プロジェクトの開始やプロジェクトの途中でのさらなる投資が妥当かを評価

（ステークホルダー）

ステークホルダーの満足度に関する評価指標です。

- 顧客満足度など：プロジェクトの成果物に満足しているか、他の人に推奨したいかなど、ステークホルダーである顧客の意識を調査・評価
- ムード・チャート：プロジェクト・チーム・メンバーに、感情状態を色や数字、絵文字などを利用し示してもらい、その推移を確認することで、潜在的な問題や改善すべきことがないか評価

（予測）

　将来どうなるかを予測し、プロジェクト作業を調整すべきか否か検討するための評価指標です。

- 完成時総コスト見積り（EAC）：プロジェクトの全作業を終了するために要するコストを予測（上記コラムの「アーンド・バリュー・マネジメント（EVM）」参照）

情報の提示

　上述のように、測定対象や測定方法、測定指標を選定・測定することは重要ですが、そこから得られる情報を理解しやすく伝えることも同じくらい大切です。

以下では、図表を用いた視覚的な提示方法を紹介します。

（ダッシュボード）

　得られたさまざまな情報を集計し、表やグラフなどを用いて、プロジェクトの概況を把握しやすくしている画面や帳票のことです。ダッシュボードで概況を把握した上で、より詳細な情報をもとに、状況の分析を行います。

　多くのダッシュボードでは、作業状況を信号の色で表現するストップライト・チャートが利用されています。

- 赤（Red）：作業が大幅に遅延している、解決見込みがない重大な問題がある、など
- 黄（Yellow）：作業が遅延している / 遅延しそう、重大ではないが解決見込みがない問題がある、など
- 緑（Green）：作業が予定通りに進捗している、問題はない / 解決見込みの問題がある、など

（情報ラジエーター）

　チームの作業状況を可視化し、チーム内で作業分担をしやすくするためのツールのことです。バーンダウン・チャートやタスク・ボードなどがあります。専用のソフトウェアもありますが、ホワイトボードに手書きしたり付箋紙を壁に貼付したりする運用も可能です。

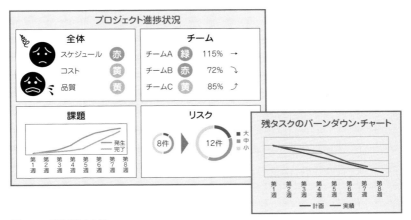

図 3.16　情報提示の例

バーンダウン・チャートは、計画と実績の差異やその差が縮小しているか拡大しているかが一目でわかり、今後の対策検討に役立ちます。

タスク・ボードは、作業者ごとの作業状況が一目でわかり、作業分担を見直すときに役立ちます。

例外計画の検討

実績が計画から大きく乖離し始めた場合、何かしらの対応が必要です。計画にある範囲の閾値（例えば、計画より１０％以上乖離）を定め、それを超えた場合、もしくは超える見込みの場合の対応を例外計画と呼びます。

例外計画を実施する場合、対応の実施状況および対応の有効性をプロジェクトマネジメントとして確認します。

活動上の注意点

適切な行動につながる評価指標

評価指標を選定し正確な測定をしても、その情報がプロジェクト・チームの学習や改善行動につながらなければ有効な評価指標とは言えません。

評価指標を設定して測定することにより、プロジェクト・チームが計画と実績の差異に気付き、その原因を分析し、改善活動につながること。また今後の計画作成時の教訓として利用できることが、評価指標の条件となります。

測定の落とし穴

評価指標を選定し正確な測定をしたとしても、以下のような理由から、適切な判断に結びつかない場合があります。

（ホーソン効果）

周囲から期待されることで、それに応えようと力を発揮し、好結果を生み出す傾向のことを、心理学用語でホーソン効果と呼びます。

力を発揮すること自体はよいのですが、作業納期などの与えられた評価指標を重視しすぎ、評価指標になっていない品質や価値創出などを軽視してしまう恐れがあります。

（確証バイアス）

　自分の意見を肯定する情報を重視・選択し、否定する情報を軽視・無視または集めようとしない傾向のことを、心理学用語で確証バイアスと呼びます。

　自分の考えを持つのはよいことですが、その考えが常に正しいと思い込み、それに反する考えに耳を傾けようとしないと、対応の間違いに気付かず、大事になってしまう可能性があります。

3 8 6. ステークホルダー・パフォーマンス領域

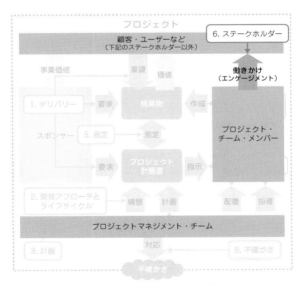

図 3.17　ステークホルダー・パフォーマンス領域

▌前提知識

　プロジェクトは、人のために、人が実施する業務です。スポンサーというプロジェクト最強のステークホルダーの要請によりプロジェクトは発足し、顧客またはユーザーなどのステークホルダーに価値を提供するために、プロジェクト・チーム・メンバーというステークホルダーが成果物作成の作業を行います。これらステークホルダーの協力を得られない限り、プロジェクトの成功はありえません。

　　プロジェクト開始時、または開始前からプロジェクト終了まで、プロジェクトマネジメントとして、ステークホルダーから協力が得られるようコミュニケーションなどの活動が必要です。

活動の目的

　　プロジェクトの目的や活動、成果などに対してステークホルダーからの賛同を得て、各種協力をしてもらうことです。またプロジェクトやその成果などに反対するステークホルダーには、その影響を及ぼさないようにしてもらうことも含みます。

活動の内容

　　ステークホルダーに関連する、以下5つの活動実施を推奨しています。

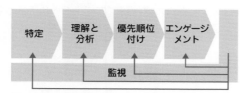

図3.18　ステークホルダーへの対応活動

特定

　　プロジェクトのステークホルダーが誰なのかを洗い出し、特定します。

　　スポンサーやプロジェクト・チーム・メンバー、プロジェクトの成果物を利用するユーザーなどは、特定しやすいステークホルダーです。一方で特定しにくいステークホルダーもいます。

　　例えば、プロジェクト・チーム・メンバーがプロジェクトとは直接関係しない部門の業務を兼務している場合や他プロジェクトにも参加している場合は、それら部門や他プロジェクトの責任者などはステークホルダーとなるかもしれません。

　　その責任者との調整・合意をしないと、プロジェクト・チーム・メンバーは効率的かつ計画通りにプロジェクトの作業をできなくなる可能性があります。

理解と分析

　特定したステークホルダーの価値観や考え方などの理解に努め、プロジェクトへの期待や影響度、利害などを分析します。さらにステークホルダー間の関わり合いについても、調査・検討する必要があります。

　この活動は、プロジェクト期間中は継続して行うことが大切です。プロジェクトを肯定していたステークホルダーが、何かのきっかけにより否定する立場に変わることは少なくありません。

優先順位付け

　ステークホルダーが多いプロジェクトの場合、すべてのステークホルダーに同様に接することは難しくなります。そこでプロジェクトとして直接働きかけをするステークホルダーの優先順位付けが必要となります。一般的には権力や利害が大きいステークホルダーの優先順位を高くすることが多いです。

　これを意識しないと、自分が接しやすいステークホルダーには積極的に働きかけ、苦手なステークホルダーには働きかけが少なくなってしまいます。もし働きかけの少ないステークホルダーがプロジェクトに大きな影響力を及ぼせる人の場合、さらにはプロジェクトを否定的に捉えている場合、プロジェクトは大きな爆弾を抱えているようなものです。

エンゲージメント

　エンゲージメントとは、積極的な関与のことです。ステークホルダーがプロジェクトに興味を持ちサポートしたいと思えるよう、プロジェクトとの関係性を強化または改善します。進捗報告書や電子メールなどの書面による情報提供、プレゼンテーションや対話などの口頭による双方向のコミュニケーションなどがあります。

　ステークホルダーとのエンゲージメントは、「3. 計画・パフォーマンス領域」の「コミュニケーションの計画」で計画し、「4. プロジェクト作業・パフォーマンス領域」の「コミュニケーションのマネジメント」として行います。

監視

　上述の特定、理解と分析、優先順位付け、エンゲージメントの活動は、プロジェクト期間中は継続して実施する必要があります。プロジェクトの進行に伴いステークホルダーとなった人や組織、プロジェクト開始時にはステークホルダーとして気付かなかった人や組織も存在するからです。またエンゲージメント活動により、プロジェクトへの期待や利害などが変わることもあり

ます。

　なお、ステークホルダーの監視は「5. 測定・パフォーマンス領域」の「評価指標の選定と測定」として行います。

活動上の注意点

情報の扱い

　「6. ステークホルダー・パフォーマンス領域」の活動は、記述や情報の扱いに注意が必要です。特に理解と分析、優先順位付けの結果は、プロジェクト・チームの一部メンバーのみで共有する内容であり、広く公開するものではありません。

Column

コミュニケーションの考慮点

　プロジェクト・マネジャーになると、会議や電話などで人とコミュニケーションをとる時間が極端に増えます。プロジェクト・マネジャーは、80％の時間をコミュニケーションに費やすといわれています。これはプロジェクトのメンバーに限らず、顧客やスポンサーなどのさまざまなステークホルダーとコミュニケーションをとる必要があるからです。

　コミュニケーションで、最も重視すべきことは『伝わる』ことです。

　いくら熱弁しても、情報発信を多くしても、相手に伝わらなければ、双方にとって時間の無駄になってしまいます。『伝わる』コミュニケーションを行うには、以下の３つを事前に考えておきます。

① コミュニケーションの目的をはっきりさせる：相手から同意を得たい、相手の意見を聞きたい、相手との距離感を縮めたい、参考情報として耳に入れておきたいなど、コミュニケーションをとる目的はさまざまです。例えば、経営者向けの報告会の場合、プロジェクトの状況を伝えてプロジェクト継続の承諾を得ることが多いと思いますが、状況によっては人的資源などの追加の依頼をしたいこともあります。今日の会議は何のために行うのか、この報告書は何のために作成するのかを、はっきり意識することが大切です。

相手から同意を得たいのであれば、相手が同意しやすい説明が必要です。相手の意見を聞きたいのであれば、こちらから多くは語らず、相手が話をしやすい状況を作り、傾聴することが必要です。

定期的に開催しているからという理由で報告会を行っていると、次第に形骸化し、『伝わらない』コミュニケーションの場となってしまいます。

② 相手のことを考える：伝える相手は、スポンサーや経営層の場合もあれば、プロジェクト・チーム・メンバーの場合もあります。またプロジェクトについてあまり理解していないステークホルダーの場合もあります。プロジェクトの実施に賛同している人もいれば、そうでない人もいます。

伝える相手が誰で、プロジェクトについての理解度がどの程度あり、何に興味を持っており、何を期待しているのか、把握しておくことが大切です。

例えばプロジェクトへの関与度が低い経営層への報告会の場合、筆者は会の冒頭でプロジェクト概要を毎回説明します。経営層の方々は、プロジェクト・マネジャーと違い毎日このプロジェクトに関わっているわけではなく、その他の多くのプロジェクトや案件の中の1つでしかありません。毎回冒頭で同様の説明することにより、「おっ、あのプロジェクトの件か！」と思い出していただいてから内容の話をしたほうが、伝わりやすくなります。

③ 伝えたいことを絞る：伝える側のあなたとしては、伝えたいことは多くあるかもしれません。後で聞いていないと言われないよう、あれもこれも伝えたい気持ちはわかります。

しかし、「過ぎたるはなお及ばざるが如し」はコミュニケーションでも当てはまります。相手にも情報を受け取れる容量があり、それを超えた場合は伝わらないどころか、反感を持たれかねません。『伝わる』ことを重視するなら、伝えることを絞り、それでコミュニケーションの目的を達成できるように工夫します。絞りきれない場合は、もしかしたら1回のコミュニケーションで『伝わる』ことを期待するのが無理であり、何回かに分けてコミュニケーションをとる必要があるかもしれません。

　人によりコミュニケーションの得手不得手はありますが、学習と実践により確実にコミュニケーション・スキルは向上できます。「7. チーム・パフォーマンス領域」で説明するEQ（Emotional Intelligence Quotation；こころの知能指数）の書籍『EQ トレーニング』（髙山直 著、日経文庫、2020）などを参考にしてください。現在コミュニケーションに苦手意識を持っている人だけでなく得意と思っている人も、上記に挙げた書籍を一読して、自分のコミュニケーション・スキルを向上させることをおすすめします。

3 | 9　7. チーム・パフォーマンス領域

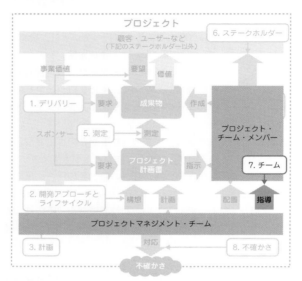

図 3.19　チーム・パフォーマンス領域

前提知識

　プロジェクトを成功に導くには、さまざまな能力・特性を持つプロジェクト・チーム・メンバーを育成・指導し、プロジェクト・チームとして高い成果を生み出せるような取り組みが必要です。この取り組みは、マネジメント活動とリーダーシップ活動に分類できます。

　マネジメント活動は、プロジェクトの成功に必要な作業を進めるための活動です。作業を洗い出して実施計画を立て（Plan）、作業を指示し（Do）、作業を監視・測定し（Check）、作業を調整する（Action）、PDCA が基本となります。

　マネジメント活動は、大きく分類すると集権型と分権型があります。

- **集権型**：プロジェクト・マネジャーに成果の説明責任が集中し、プロジェクト・チームの形成やメンバー選定もプロジェクト・マネジャーが権限を持つ。意思決定が早いなどのメリットがある一方、マネジメントとメンバーに距離感が出てしまい、コミュニケーションの伝達ミスが発生し

やすいというデメリットもある
- **分権型**：プロジェクト・マネジャーだけでなくプロジェクトマネジメント・チームもマネジメント活動を担い、チームのリーダーやメンバーに一定の権限が付与。メンバーの声を拾いやすく、またメンバーが自律しやすいというメリットはあるが、部分最適になりやすいなどのデメリットもある

集権型、分権型のどちらが優れているというものではありません。プロジェクトの規模や内容などを考慮し、より適する型を選定します。

一方、リーダーシップ活動は、作業を進める人に注目した活動です。計画通りに作業を進められるよう、プロジェクト・チーム・メンバーにプロジェクトの目的を示し、メンバーの声に耳を傾け、権限を与え、動機付けを行うことにより、プロジェクト・チームとして目的に向かうようにします。

リーダーシップ活動には、振る舞い方などが異なる多くの型があります。以下に、その一部を紹介します。

- **指示命令型**：明確な目標や手順、方針を伝え、メンバーに従ってもらうことで、メンバーを導く。指示命令型のリーダーシップは、意思決定が早く、緊急対応などでは有効だが、メンバーが指示待ちになり自主性が育たないなどの弊害がある
- **カリスマ型**：超人的な才能や振る舞いによりカリスマと認知されることで、メンバーを導く
- **サーバント型**：メンバーの支援に徹し信頼関係を築くことで、メンバーを導く。メンバーの主体性や自律性が高まり、チームとして生産性が高く成長しやすいというメリットがあるため、近年このサーバント型のリーダーシップが注目を集めている。しかし、サーバント型が有効なのは、メンバーがある程度の知識や経験がある場合である。また意思決定が遅くなるというデメリットがあるので、利用には注意が必要となる

リーダーシップ活動は、プロジェクト・マネジャーなど特定の人だけが行う活動ではありません。プロジェクト・チームとして生産性を高めるためには、メンバーそれぞれがリーダーシップを発揮し、メンバーが協調して行動することが必要です。

上記マネジメント活動およびリーダーシップ活動を実践するのに必要なのが、EQ（Emotional Intelligence Quotation；こころの知能指数）です。

EQ は感情をうまく管理し、利用できる能力であり、育成によって高めることができます。プロジェクトは、感情を持つステークホルダーという人のために、感情を持つプロジェクト・チーム・メンバーという人が作業を行い、成果物を作成し、成果を生み出す活動です。プロジェクトを成功させるためには、トレーニングにより EQ 能力を高め、自分やステークホルダーが持つ感情を認識し、理解し、利用し、活用することが必要となります。

図 3.20　EQ 能力の 4 分類（引用：『EQ トレーニング』髙山直 著、日経文庫、2020）

活動の目的

　プロジェクトを成功に導くために、プロジェクト・チーム・メンバーを育成・指導し、プロジェクト・チームとして高い成果を生み出せるような取り組みを行うことです。

活動の内容

マネジメント活動の選定とチーム編成
　マネジメント活動として、集権型または分権型のどちらが適切なのか、プロジェクトの規模や内容などを考慮し、選定します。その上で、プロジェクト・チームを組成し、メンバーの役割と責任を定めます。

メンバーの育成・指導・働きかけ
　プロジェクト・チームの生産性を高められるよう、プロジェクト・チーム・メンバーの育成の方法や内容を検討し、実施します。またメンバーが価値創

出に向けモチベーションを高め・維持できるよう、環境整備やきっかけ作り
を検討・実施します。

　育成すべき能力は、技術的なスキルやマネジメントのスキルだけではあり
ません。プロジェクトは多くのステークホルダーが関係し、複数メンバーと
共同で進めるため、EQ などの人間関係のスキルは必須です。

　さらにサーバント型のリーダーシップを採用した場合、メンバー自身がよ
り自律的かつリーダーシップを発揮することを目指します。そこで、メンバー
がリーダーシップを習得・発揮できるよう、『伝え』、『手本を見せ』、『やらせ
て』、『褒める』などにより、指導・働きかけを行います。

チームの育成

　プロジェクト・チームの生産性を高めるためには、各メンバーの育成だけ
でなく、チームとしての育成も必要です。

　具体的には、以下に取り組みます。

- プロジェクトの目的と目標の共有：プロジェクトが何のために発足し、
  何の実現を目指しているのかを、繰り返し説明する。目的と目標を理解
  した上で作業するのと、指示されたから作業するのとでは、作業への取
  り組み方に差が出て、それは品質や生産性に影響する
- 役割と権限の付与：プロジェクトの目標を実現するために、チームやメ
  ンバーがどのような役割を担い、どの程度の権限や責任を保有している
  かを説明する。メンバーがプロジェクトにどのように貢献するかを知る
  ことは、モチベーションにも影響する
- チームとしての貢献：プロジェクト・チーム・メンバーは、個人として
  与えられた作業を進めるだけでなく、チームとして成果を出すことへの
  貢献も期待されている。自分のことだけを考えて行動するのではなく、
  チームのためを意識し行動することが求められる。そのような意識を全
  プロジェクト・チーム・メンバーが持ち行動するよう、プロジェクト・
  マネジャーを中心とするプロジェクトマネジメント・チームは、メンバー
  に繰り返し説明などの働きかけを行う

チームのマネジメント

　プロジェクト・チーム・メンバーの作業状況や振る舞い、モチベーション
などを適宜確認し、適切な評価や抱えている課題への助言などを行うことに
より、プロジェクト・チームの生産性向上や維持を行います。

　　例えば、プロジェクト・チーム・メンバーを観察して、顔色や会話などからメンバーの状態を推察し、話を聞き、プロジェクトマネジメント・チームとして対処できることを提示し要望を確認した上で、対応を実施します。

　　機械なら命令に従い文句も言わず、計算通りの生産性で作業を行いますが、人は機械のようには作業ができません。気分が乗っている場合は、調子よく作業を進められますが、プライベートで悩みを抱えていたり、気分や体調がよくない場合は、生産性が大きく低下します。

　　また、人が集まり一緒に仕事をすれば、大なり小なり争いや対立（コンフリクト）が生じます。プロジェクト・マネジャーはコンフリクトを面倒なことと考えるのではなく、コンフリクトはチームの課題であり、適切に対処できれば生産性向上などのプラスの効果があることを理解し、解決に取り組む必要があります。まずは関係者間やチーム内で対処できるよう支援しますが、混乱が続くようであれば懲罰処分の適用を含めて対処を検討します。

　　コンフリクトの解決方法には、「撤退・回避」「鎮静・適応」「妥協・和解」「強制・指示」「協力・問題解決」などがありますが、それらを活用するにも EQ などの人間関係のスキルは必須です。

活動上の注意点

メンバーのモチベーション向上策

　　人であるメンバーは、気分や体調だけでなくモチベーションにより生産性が増減します。このため、メンバーのモチベーションを維持・向上させ、生産性を高めることも、プロジェクトマネジメント・チームに求められています。

　　モチベーションを高めるための動機付けには、報酬や表彰などの外発的な方法と、達成感や人からの感謝、個人の成長などの内発的な方法があります。外発的な動機付けは長続きしないので、メンバーが内発的にモチベーションを高め・維持できるよう、環境整備ときっかけ作りを行いましょう。

チーム成長の 4 段階

　　プロジェクト・チームは、一般的に以下の 4 つの段階を経て成長します。

- 段階 1：成立期
  チーム形成の初期段階であり、メンバーが招集され、各自紹介を行い、プロジェクトの目的が説明された状態。この段階ではメンバーの行動はよそよそしく、人が話したことについて批判したりはしない

- 段階２：動乱期
  メンバー各自が自分の立場を作ろうと縄張り争いを行い、対立が発生する段階
- 段階３：安定期
  メンバー各自が自分の立場を確保し、他のメンバーの考え方をある程度理解できるようになった状態。この段階から共同でプロジェクトを進めようという意識が出てくる
- 段階４：遂行期
  メンバーが互いに尊重し合い、プロジェクトの各種問題について全員が共通の問題意識を持ち、前向きに対処する状態。チームとしての生産性が高い段階である

　各段階にかかる期間は、メンバーの性格や考え方、立場、役割などやプロジェクトマネジメント・チームの振る舞いによっても増減します。いかに動乱期を短くし、早期に遂行期へと導けるかを考え、チームとしての成長を促すことが求められます。

3 10 8. 不確かさ・パフォーマンス領域

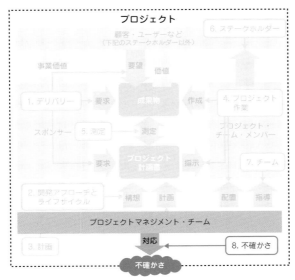

図 3.21　不確かさ・パフォーマンス領域

前提知識

　　読者の皆さんは、「不確かさ」または「不確実性」という言葉を聞いたことはありますか？　経済学や工学、数学などで利用される言葉であり、PMBOK7では将来発生しうる事象が、「不明または予測不可能な状態」と説明しています。

　　プロジェクトには必ず不確かさが伴います。なぜなら、プロジェクトには独自性という特徴があるためです。

　　世の中には、似ているプロジェクトはありますが、2つとして同じプロジェクトはありません。手順や作業など、何かが違います。これまで実施したことがない作業は、どのように進めるのが最善か誰にもわかりません（＝不明）。またプロジェクトを実施する環境やプロジェクト・チームも全く同じことはなく、違いがあります。過去に工場生産ラインの立ち上げを日本で成功したとしても、同じことを識字率が低い海外地域で行った場合、同じように成功できるかはわかりません（＝予測不可能）。

　　プロジェクトにおける不確かさの例には、以下のようなものがあります。

- プロジェクトの予算は、プロジェクトを発足した企業の業績により、急遽削減されることがある
- プロジェクト・チーム・メンバーが提供できる作業工数は、メンバーの病欠、異動や退職などにより、突然削減されてしまうことがある
- プロジェクトの作業スケジュールは、天候により屋外作業が実施できないと遅延することがある
- プロジェクトで採用した新技術は、未成熟な技術のため、想定しない事象が発生することがある
- 製品開発プロジェクトは、法律の改正があると、成果物の安全基準の見直しが必要になることがある
- 海外工場建設プロジェクトは、現地の政情や政治的考慮により、中止を含む見直しが必要になることがある

　　不確かさ（Uncertainty）をもたらす要因として、変動性、曖昧さ、複雑さがあります。

- 変動性（Volatility）：急速に予測不能な変化が生じる可能性がある状況。利用可能な技術や知識、資材などが頻繁に変化するときに発生する。技術革新は変動性がもたらす例の1つ。スマートフォンのカメラ機能の向

上により、デジタルカメラやビデオカメラの市場は急速に縮小した

- 曖昧さ（Ambiguity）：現在または将来の状況が不明瞭な状態。1つの問題を解決するために、複数の選択肢がある場合に発生する。流行は曖昧さがもたらす例の1つ。従来は市場が流行を作り出していたが、近年は個人のSNS投稿から流行が発生することもあり、将来の流行は見込みにくくなっている
- 複雑さ（Complexity）：マネジメントするのが困難なプロジェクトやプロジェクト環境の特性のこと。人の振る舞い、成果物の構成要素間の相性など、相互に作用する場合に発生する。複数の選択肢がある状態において全員一致で決定することの難しさは、複雑さがもたらす例の1つ

　なお、未来の予測が難しくなっている状況のことを、上記4つの英単語の頭文字を組み合わせてVUCA（ブーカ）と呼びます。ビジネス書や経済誌などで目にしたことがある方も多いのではないでしょうか？

　リスクは、不確かさの一側面です。PMBOK7では、「リスクは発生が不確かなイベントまたは状態であり、もし発生したら、プロジェクト目標にプラスあるいはマイナスの影響を及ぼす」と説明しています。不確かさのうち、プロジェクトで個別に対応を検討する事項は、リスクとして管理します。

　上記の不確かさの例のうち、天候により屋外作業に影響があるプロジェクトでは、天候はリスクです。例えば、野外イベント開催プロジェクトでは、雨天の場合の開催または中止の判断時期、連絡方法、中止の場合のチケットの取り扱いなどについて、明確にしておく必要があります。

　上述のように、プロジェクトは、不確かさがある中で推進しなければならない業務です。プロジェクトを成功させるには、決してなくせないプロジェクトの不確かさにうまく対処しなければなりません。

活動の目的

　プロジェクトに影響する不確かさを特定し、マイナスの影響を受けないよう、またプラスの影響を受けられるよう、対応を検討・実行することです。

活動の内容

不確かさの認識

　プロジェクトにどのような不確かさがあるかを知るには、プロジェクトを

実施している環境を理解し、そこから想定する必要があります。

例えば、以下のような環境です。

- 社内環境：企業業績や組織変更などにより想定される影響がないか？
- 経済環境：為替変動やインフレなどにより調達コストに影響がないか？
- 市場環境：競合他社の動向や競合製品の市場価格を考慮すべきか？
- 技術的環境：採用する技術の成熟性または陳腐化が影響しないか？
- 社会的環境：新サービスの提供は、消費者やメディアから否定的に捉えられることがないか？
- 政治的環境：製品が政治的な理由から輸出規制の対象にならないか？

不確かさへの全般的な対応

不確かさは、その影響も正確には予測できず、どのように対応することが最善かわからない場合も少なくありません。そこで、以下のいずれか、もしくは組み合わせで対応します。

（情報を収集する）

より多くの情報を収集することにより、不確かさを低減できることがあります。専門家に相談した結果、影響が小さいとわかれば対応不要と判断できるし、発生確率が推定できればリスクとして対応しやすくなります。

例えば、訪問したことのない場所だと交通の便や観光にかかる時間がわからず、計画通りに観光できずに旅行を満喫できない不確かさがあります。そこで、旅行会社やその場所を観光したことのある友人などに話を聞き、計画に反映すれば、旅行を満喫できる可能性を高めることができます。

（代替案を用意しておく）

不確かさがもたらす結果のパターンが多くないのであれば、どの結果になっても対応できるよう代替案などを用意しておけば、不確かさの影響を低減することが可能です。

例えば、天気が良いときに訪問する観光地だけでなく、雨天のときに訪問する観光地も考えておくことに相当します。

（複数案から絞る）

プロジェクトの当初は、複数案を用意しておき、プロジェクト進展に伴い不確かさ低減につながらない案を削っていきます。

例えば、観光地 A、B、C を訪問したい場合、訪問順として A ⇒ B ⇒ C、B ⇒ A ⇒ C などのルート案を列挙し、移動にかかる時間や訪問の優先度などを考慮して、選択肢を絞ることに相当します。

（回復力を養う）

回復力（resilience）とは、予期せぬ変化に適応する個人や組織の能力のことです。不確かさの結果として、何かしらの影響があったとしても、それに柔軟に対処し、迅速に乗り越えていくことができれば、影響は限定されます。

例えば、予定していた交通機関が遅延し、行きたかった観光地に行けなかったとします。その残念な気持ちを引きずっていたら、その後の旅行を楽しめません。「トラブルに巻き込まれるのも旅行の醍醐味」と考えて、すぐに気持ちを切り替えられることが回復力です。

（予備を確保する（変動性がある場合に効果的））

変化に対応できるよう、予算やスケジュールに予備を確保することです。

例えば、注文住宅購入プロジェクトの場合、設置予定だった太陽光発電パネルに高機能だけど値段も高い新製品が発表されたとき、予算に余裕があれば新製品を選べます。しかし予算に余裕がないと、新製品を選べません。

（段階的に詳細化する（曖昧さがある場合に効果的））

プロジェクト初期段階で不明瞭なことを無理して決めるのではなく、プロジェクトが進むうちに次第に明瞭になっていくので、決定しなければならない時点で詳細化をすることです。

例えば、注文時に壁紙や外壁の色などすべてを決めるのは難しく、無理に決めても心変わりする可能性があります。そこで、注文時は構造や間取りなどを決め、壁紙や外壁の色は工事開始後（段階的）に決めます（詳細化）。

（イテレーション（反復、繰り返し）を利用する（複雑さがある場合に効果的））

複雑さがある中で、すべてを一度に決めるのではなく、変化に対応できるよう要素ごとに検討・決定を繰り返すことです。

例えば、複数の選択肢がある壁紙の色と柄から、家族全員が納得する組み合わせを選ぶことは複雑さがあります。それぞれ好みの壁紙を主張していては、いつまでも決まりません。そこで、色合いを重視する、家具との調和を重視するなど、まず検討方針を合意します。次に重視する事項を前提に、候補となる壁紙の色を選定・決定し、最後に柄を選定・決定します。

以下では、不確かさの一側面であるリスクへの対応について記述します。

リスク・マネジメントの計画

まずプロジェクトとして、リスクにどのように向き合い、取り組むかを検討・計画します。

具体的には、リスクへの対応方針や手法、利用するツールなどを定めます。またリスクの区分や発生確率、影響度の定義などを行い、プロジェクトマネジメント計画書に記載します。

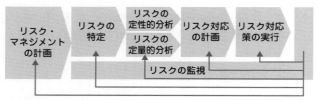

図 3.22　リスクへの対応活動

リスクの特定

プロジェクトにはさまざまなリスクが潜んでいます。天候や天災または為替変動や消費傾向の変化など、プロジェクトの外的要因がプロジェクトのリスクになる場合もあれば、プロジェクト・チーム・メンバーを調達できない、メンバーが病気により作業できないなど、プロジェクトの内的要因から想定されるリスクもあります。

リスクの特定では、プロジェクト・チームでのブレインストーミングや、専門家へのインタビューなどにより、プロジェクトに影響を及ぼす恐れのある各種リスクを洗い出し、リスク登録簿に記述します。

リスクの特定は 1 回行えば終わりという作業ではありません。プロジェクトが進むにつれ、新たなリスクが判明する場合があるため、プロジェクトのライフサイクルなどに合わせ、リスクを適宜見直すことが必要です。

リスクの定性的分析

リスクは無数にあり、発生確率やプロジェクトへの影響度は異なるので、優先順位を付けて対応する必要があります。

リスクの定性的分析では、リスクの特定で作成したリスク登録簿などをもとに、各リスクが発生する確率と各リスクがプロジェクトの目標達成に及ぼす影響度を検討します。そしてリスクへの許容度や発生確率、影響度などを

もとに優先順位を付けます。

リスク登録簿の例を図 3.23 に示します。

リスク	区分	発生確率	影響度	優先順位	対応戦略	対応策
現状業務フローが実態と合っていない場合、現状業務の調査をまず行う必要がある	業務	中	大	A	回避	早急に調査を行い、必要に応じ計画の変更を行う
PCのOSバージョンアップに伴い、一部機能に支障がでる可能性がある	技術	低	中	C	受容	OSバージョンアップの検討時に調査し、対策を行う
監査対応により一時的に作業が滞る可能性がある	その他	高	小	B	軽減	予備時間を取る
…	…	…	…	…	…	…

リスクの特定で入力する　リスクの定性的分析で入力する　リスク対応の計画で記入する

図 3.23　リスク登録簿の例

リスクの定量的分析

プロジェクトによっては、特定されたリスクの定量的な分析を行い、リスクのプロジェクトへの影響度を詳細に見積る場合があります。

リスクの定量的分析では、感度分析やデシジョン・ツリー分析、シミュレーションなどの技法を利用して、リスクがコストやスケジュールに及ぼす影響を定量的に算出します。この結果はリスク登録簿に追記します。

リスク対応の計画

リスクが特定され優先順位が決まり、その影響度が明確になったら、各リスクへの対応策を検討・選定します。

リスク対応の計画では、リスク登録簿をもとに、プロジェクトにマイナスとなるリスク（脅威）を低減させ、プラスとなるリスク（好機）を増大させる対応戦略を検討・選択します。

検討・選択したリスク対応は、「3. 計画・パフォーマンス領域」の「スケジュールの計画」「予算の計画」「人的資源の計画」「物的資源の計画」などで、計画に盛り込みます。

（マイナスのリスク（脅威）への対応戦略）

　発生した場合にプロジェクトの目標にマイナスの影響を及ぼすリスクへの対応戦略には、「回避」「転嫁」「軽減」「受容」の４種類があります。

- 回避……リスクを避けたり、発生原因を取り除いたり、リスクの影響を避けるためにプロジェクトの計画を変更すること
- 転嫁……リスクによるマイナスの影響を、責任とともに第三者に移転させること。保険などの補償契約を締結するなど、主に財務的なリスクへの対応戦略として用いられる
- 軽減……リスクの発生確率および影響度をプロジェクトが許容できる程度まで低減すること
- 受容……リスクの軽減や回避などの対応をしないと決めること。リスクの除去が困難な場合や、適当なリスク対応策が見つからない場合、リスクが発生したときの被害額よりも軽減などにかかる対応額が高い場合などに採用される。リスクを受容すると決めた上で、リスク発生時の対処に必要な時間や金、資源などのコンティンジェンシー予備を設けることが多い

（プラスのリスク（好機）への対応戦略）

　発生した場合にプロジェクトの目標にプラスの影響を及ぼすリスクへの対応戦略には、「活用」「共有」「強化」「受容」の４種類があります。

- 活用……好機が確実に来るように対応すること
- 共有……好機を得やすくなるよう第三者と組むこと
- 強化……好機の発生確率や影響度が増大・最大化するよう対応すること
- 受容……リスクの活用や共有などの対応をしないと決めること（前述のマイナスのリスクへの対応戦略と同じ）

リスク対応策の実行

　リスク対応計画に沿い、対応策を実行します。

　プロジェクトでリスクを特定・分析し、対応の計画を作成したことで安心してしまい、対応策が実行されないことは少なくありません。定めた対応策を計画通りに実施し、プロジェクトにマイナスとなるリスク（脅威）を低減させ、プラスとなるリスク（好機）を増大させることが必要です。

　リスク対応策の実行は、「4. プロジェクト作業・パフォーマンス領域」の「プ

ロジェクト作業のマネジメント」（p.85）「人的資源のマネジメント」（p.86）「物的資源のマネジメント」（p.86）などの作業の一部として行います。

リスクの監視

　プロジェクトの進行や作業状況、時間の経過、外部環境の変化などにより、リスクの発生確率や影響度は変化し、また新たなリスクも発生します。このためプロジェクトでは、継続的にリスクを監視する必要があります。

　リスクの監視では、リスク対応の計画で決めた対応策の実施や、特定したリスクの追跡、既存リスクの監視、新たなリスクの特定を、プロジェクトの期間中に継続的に実施することが必要です。

　具体的には、リスク登録簿をもとにリスクを監視し、定期的にリスクの再査定を行います。また変更要求などにより新たなリスクが発生しないか、既存のリスクに変更が生じないかなどを検討します。

活動上の注意点

二次リスク

　リスク対応策の実行により発生するリスクのことを指します。

　例えば、病気を予防するために病院に予防注射を受けに行くことにより、病院内で他のウイルスにかかるリスク（二次リスク）が発生します。

　リスク対応の計画やリスク対応策の実行の活動を行うときは、二次リスクに注意を払う必要があります。

Column

PMBOK7での変更点：② PMBOK6の知識エリア、プロセスとの関連性

　PMBOK6では、プロジェクトマネジメントの対象として10の知識エリアと、49のプロセスを定義しています。この知識エリアとプロセスに慣れている人の中には、8つのパフォーマンス領域との関連性を知りたい方も多いのではないでしょうか？　筆者もその1人だったので、PMBOK7を読み解き、独自に整理したのが表3.2です。

　この内容は一部推測も含めた筆者の執筆時点での理解であり、PMBOK7に記述されている内容ではありません。その点をご理解いただいた上で、参考になれば幸いです。

表3.2 PMBOK6の知識エリア、プロセスと PMBOK7 の 8 つのパフォーマンス領域の関連性

PMBOK6の 10の知識エリア、49のプロセス	PMBOK7の8つのプロジェクト・パフォーマンス領域 (★主に関連、■一部関連)							
	デリバリー	開発アプローチとライフサイクル	計画	プロジェクト作業	測定	ステークホルダー	チーム	不確かさ
1. 統合								
プロジェクト憲章の作成	■	■	★					
プロジェクトマネジメント計画書の作成			★		■			■
プロジェクト作業の指揮・マネジメント				★				
プロジェクト知識のマネジメント				★				
プロジェクト作業の監視・コントロール				★	■			■
統合変更管理			★	★				
プロジェクトやフェーズの終結				★				
2. スコープ								
スコープ・マネジメントの計画	★	★	★					
要求事項の収集	★							
スコープの定義	★							
WBSの作成	★							
スコープの妥当性確認	★							
スコープのコントロール				★	■			
3. スケジュール								
スケジュール・マネジメントの計画			★					
アクティビティの定義			★					
アクティビティの順序設定			★					
アクティビティ所要期間の見積り			★					
スケジュールの作成			★					
スケジュールのコントロール				★	■			
4. コスト								
コスト・マネジメントの計画			★					
コストの見積り			★					
予算の設定			★					
コストのコントロール				★	■			
5. 品質								
品質マネジメントの計画	★							
品質のマネジメント	★							
品質のコントロール				★	■			

PMBOK6の 10の知識エリア、49のプロセス	PMBOK7の8つのプロジェクト・パフォーマンス領域 (★主に関連、■一部関連)							
	デリバリー	開発アプローチとライフサイクル	計画	プロジェクト作業	測定	ステークホルダー	チーム	不確かさ
6. 資源								
資源マネジメントの計画			★				★	
アクティビティ資源の見積り			★					
資源の獲得				★				
チームの育成							★	
チームのマネジメント				★			★	
資源のコントロール				★	■			
7. コミュニケーション								
コミュニケーション・マネジメントの計画			★					
コミュニケーションのマネジメント				★	■			
コミュニケーションの監視				★	■			
8. リスク								
リスク・マネジメントの計画								★
リスクの特定								★
リスクの定性的分析								★
リスクの定量的分析								★
リスク対応の計画			■					★
リスク対応策の実行				■				★
リスクの監視								★
9. 調達								
調達マネジメントの計画			★					
調達の実行				★				
調達のコントロール				★	■			
10. ステークホルダー								
ステークホルダーの特定						★		
ステークホルダー・エンゲージメントの計画			■			★		
ステークホルダー・エンゲージメントのマネジメント				■		★		
ステークホルダー・エンゲージメントの監視					■	★		

PMBOK を利用した
プロジェクトマネジメント実践
計画フェーズ

「君は最近 PMBOK を勉強しているようだね？　その知識を活かして、プロジェクト・マネジャーをやってくれないか」と、急に上司に言われたら、「できます」とあなたは自信を持って答えられますか？

　第 2 章、第 3 章では、PMBOK7 の 12 のプロジェクトマネジメントの原理原則と 8 つのプロジェクト・パフォーマンス領域の概要を説明しました。これにより PMBOK の全体像は理解できたと思います。しかし実際にプロジェクト・マネジャーやプロジェクトマネジメント・チームの一員としてプロジェクトマネジメントを担うことになった場合、まず何から手を付ければよいのか、どういう手順でプロジェクトを進めればよいのか、不安があるのではないでしょうか？

　そこで第 4 章以降では、仮想の会計システム構築プロジェクトを推進する場合、PMBOK7 の 12 のプロジェクトマネジメントの原理原則と 8 つのプロジェクト・パフォーマンス領域のどれを利用するのか解説します。

　第 4 章から第 8 章を読み、「PMBOK7 を活用して、プロジェクトマネジメントを行います」と上司に答えられることを目指しましょう。

　なお、第 4 章以降のプロジェクトマネジメントの作業手順やタイミングは、筆者理解に基づく記述であり、PMBOK7 に記述されているわけではありません。

4 1 仮想プロジェクトの概要

プロジェクト名

「新会計システム構築プロジェクト」（以下、「新会計プロジェクト」）

プロジェクトを発足した組織

組織名..株式会社 ABC 商事

業務内容・規模 ....大手事務機器製造会社である K 社の関連子会社。
主に事務機器の販売・メンテナンスを行っている。社員数は約 250 名

関連部署 1　経理部.....................日々の出納業務および業績把握などの営業管理
業務を担当

関連部署 2　情報システム部.....社内の PC や電子メール、オンライン会議シス
テムなどのユーザーサポート、社内業務システム構築時の支援を担当

関連部署 3　企画部.....................企業提携や社内業務改善の企画・推進を担当。
プロジェクトマネジメントの経験者が多い

経緯

　ABC 商事では現在、K 社の関連会社である Y 社が構築した会計システム
を利用しています。システムの運用・保守は、情報システム部経由で Y 社に
委託しています。しかし導入から 10 年以上経ち、機能の制約も多いため、
このたび会計システムを刷新することになりました。

　多くの企業では、会計システムの構築プロジェクトは、ユーザー部門であ
る経理部またはシステム部門である情報システム部が中心となって運営しま
す。しかし両部に適任者がおらず、「経理部内の業務改善」が新会計プロジェ
クトの目的の 1 つであることから、直接利害がある人ではありませんが、プ
ロジェクトマネジメントに長けている企画部の人にプロジェクト・マネジャー
を務めてもらうことになりました。

登場人物

鈴木さん（33 歳）......................企画部の係長。新会計プロジェクトのプロジェ
クト・マネジャー

経理部長兼取締役（50歳）........会計システム刷新を期に、業務改善の実現、業務効率向上を目論んでいる。プロジェクトのスポンサー

山下さん（42歳）.......................経理部の課長。経理部業務の実質的責任者。経理部歴20年のベテランであり、現状のやり方に自信とこだわりを持つ

田中さん（33歳）.......................経理部の係長。鈴木さんと同期入社。非常に言葉少ない人ではあるが、先見性を持った冷静な判断、正確かつ安定した仕事ぶりで、経理部内での信頼は厚い

高橋さん（36歳）.......................情報システム部の課長。鈴木さんの大学の先輩で、私生活の面では非常に後輩思いで情が厚い人だが、仕事の面では自己中心的で人の話をあまり聞かない。システム構築の知識・経験は十分備えているが、話は専門用語が多く、鈴木さんには理解できないことが多い

　以下では、新会計プロジェクトのプロジェクト・マネジャーである鈴木さんが行うべき作業について説明します。まずはプロジェクトをどのように進めるかを検討・整理する計画フェーズです。

4 2 計画フェーズの準備

目的と目標、価値、成果物の因果関係を理解する

　まず行うべきことは、プロジェクトの目的と目標を理解することです。

　プロジェクトのスポンサーは、何のためにプロジェクトを発足させ（目的）、どのような事業価値を得ようとしているのか（目標）。その事業価値をもたらすためには、どのステークホルダーに何の価値を提供すればよいのか。期待されている成果物を作成すれば、価値を提供できるのか。

　これらの因果関係を納得できるまで考え、理解し、今後プロジェクト・チーム・メンバーなどのステークホルダーに対する説明・説得ができるよう、まずは自分自身が理解することが大切です。

　いろいろ考えていると、疑問に思うことも出てきます。つじつまが合っていない、論理に飛躍があるなど、不安を感じるかもしれません。「大変なプロジェクトを引き受けてしまったぞ！」と思い、気が滅入るかもしれません。

　しかし、それでいいのです。第1章で説明したように、世界に2つとして同じプロジェクトはないので、疑問や不安があって当然です。その疑問や不安を減らしていくことが、計画フェーズで行うことなのです。

図 4.1　プロジェクト開始時は疑問や不安があって当然

> 参照　第 2 章「プロジェクトマネジメントの原理原則」の「1. 価値」…p.24
> 　　　第 3 章「1. デリバリー・パフォーマンス領域」の「価値の記述」…p.49

要求事項の大切さを認識する

　プロジェクト・マネジャーは、プロジェクトの成果物やスコープのもととなる要求事項の大切さを、十分認識しておくことが必要です。要求事項が曖昧なままスタートしたプロジェクトは、必ず問題が発生します。早めに問題に気付けば、プロジェクトへの影響を抑えることができます。しかし、プロジェクトがかなり進んだ後に表面化した場合、対応にかかる工数も大きくなってプロジェクト失敗となる可能性が高くなります。

　ステークホルダーは、自身の立場でプロジェクトにさまざまな要求や要望を出します。それら要求や要望の中で必ず対応しなければならない要求事項は、何気ない会話の中で発せられることが少なくありません。話を聞いた側は、あまり気に留めないかもしれませんが、言った本人は覚えています。それも自分に都合のよい箇所のみ覚えているものです。実現の約束を明確にしないままだと、「希望通りではない、約束と違う」とクレームを上げられてしまい、プロジェクト破綻のきっかけとなります。

　とはいえ、ステークホルダーの要求や要望を際限なく聞いていたら、予算がいくらあっても足りませんし、期限内でプロジェクトを終わらせることは困難です。プロジェクト・マネジャーには、実現すべき要求事項を大切に扱い、できない要求や要望には明確に「No」と伝えることが求められます。

> 参照　第 2 章「プロジェクトマネジメントの原理原則」の「3. ステークホルダー」…p.28
> 　　　第 3 章「1. デリバリー・パフォーマンス領域」の「要求事項の定義」…p.49

プロジェクトで特に注意すべき点を考える

これからプロジェクトを計画・推進する上で、特に注意すべき点を、自分なりに考え、洗い出してみます。スポンサーや主要なステークホルダーに聞いてみるのも良い案です。

例えば、新会計プロジェクトの場合、目的は「会計システム刷新を期に業務を効率化すること」です。プロジェクトを成功させるためには「新しい会計システムの構築」よりも「業務の効率化」に重点を置くべきです。業務を効率化するには、どの業務が、どの程度非効率なのかを把握する必要があり、それには現状調査の作業が必要だと考えます。

一方、「非効率」とされている現行業務を考えたのは現在経理部課長である山下さんです。彼を無視して新しい業務手順などを考えても、システムのユーザーである経理部内での賛同は得られないかもしれません。新しい業務手順を確立・浸透させるためには、山下さんに現行業務の見直しを前向きに捉えてもらい、協力を得ることがプロジェクトの1つの要となります。すなわち、山下さんを重要なステークホルダーとして認識し、密にコミュニケーションをとり、良好な関係を築くことが大切だと考えます。

> 参照 第2章「プロジェクトマネジメントの原理原則」の「10. テーラーリング」…p.39
> 第3章「1. デリバリー・パフォーマンス領域」の「スコープの定義」…p.50
> 第3章「6. ステークホルダー・パフォーマンス領域」の「特定」…p.100

4 3 計画フェーズの作業手順（1）： プロジェクトの概要計画の把握

プロジェクトマネジメント・チームがまず行うべきことは、ビジネス・ケース文書やプロジェクト憲章に相当する文書を確認し、プロジェクトの概要を把握することです。組織によっては稟議書や企画案と呼ばれています。ビジネス・ケース文書を読み、プロジェクトの目的、目標は何なのか、どのような価値および成果物を、いつまでに誰に提供できればよいのか再確認します。曖昧な箇所、納得できない箇所、理解できない箇所があれば、スポンサーらに確認しなければなりません。

まだビジネス・ケース文書が作成されていない場合は、プロジェクト・マネジャーが中心となって作成し、スポンサーの承認を得ます。

新会計プロジェクトでは、経理部長からの要請に従い、鈴木さんが今回の新会計プロジェクトに関する企画書を作成し、経理部長に承認を得るという

ことにしました。

参照　第２章「プロジェクトマネジメントの原理原則」の「1. 価値」…p.24

第３章「1. デリバリー・パフォーマンス領域」の「価値の記述」…p.49

第３章「3. 計画・パフォーマンス領域」の「概要計画の作成」…p.69

4 4 計画フェーズの作業手順（2）： プロジェクト要求事項の整理

ステークホルダーの要求・要望の確認

　ビジネス・ケース文書の内容を確認したら、次にスポンサーを筆頭とする主要なステークホルダーにインタビューを行い、プロジェクトへの要求・要望などを聞き出します。その際、ステークホルダー全員があなたの味方とは限らないことを頭に入れておく必要があります。

　一通りステークホルダーの話を聞いたら、彼らの要求・要望事項を整理します。また各ステークホルダーがプロジェクトの実施に肯定的か否定的か、主体的か客観的か、プロジェクトマネジメント・チームに対して友好的か中立的かそれとも敵対的かを見極めます。また、それらの意見を持つ理由についても考えます。このステークホルダーとの対話や関係者からの話をもとに、各ステークホルダーへの接し方、禁句などを見出すことが必要なのです。

　さらに、ステークホルダーへのインタビューで、今後プロジェクトの推進を妨げる可能性があることに気付いたら、リスクとして記述しておきます。

　例えば新会計プロジェクトの場合、新システムを使う経理部の人たちから「まだ今のシステムは十分使えるし、経理業務の合理化は十分できているので必要ない」「なんで経理業務を知らない企画部の人がプロジェクト・マネジャーに任命されるのか」などと言われるかもしれません。しかしその場では反論せず、ひたすら各ステークホルダーの意見を聞きます。協力的ではないからといって気落ちする必要もありません。立場が違えば考えは違うものです。プロジェクトマネジメントとしては、要求・要望を要求事項として整理し、ステークホルダーに起因するリスクを認識することが大切です。

参照　第２章「プロジェクトマネジメントの原理原則」の「3. ステークホルダー」…p.28

第３章「1. デリバリー・パフォーマンス領域」の「要求事項の定義」…p.49

第３章「6. ステークホルダー・パフォーマンス領域」の「特定」…p.100

第３章「8. 不確かさ・パフォーマンス領域」の「リスクの特定」…p.114

スコープの定義

　ステークホルダーの話を整理し終えた時点で、もう一度ビジネス・ケース文書の内容またはスポンサーから聞いた内容を確認しましょう。プロジェクトの目的、目標は何なのか、どのような価値および成果物を、いつまでに誰に提供できればよいのか。それらを念頭に置いた上で、ステークホルダーの要求事項をもとに、成果物の特性や機能を意味するプロダクト・スコープと、成果物を作成するためにプロジェクトで行う作業範囲であるプロジェクト・スコープを定義し、スコープ記述書を作成します。

　参 照 第 3 章「1. デリバリー・パフォーマンス領域」の「スコープの定義」…p.50

4 5 計画フェーズの作業手順（3）： プロジェクト方針の検討

推進方針の策定

　ステークホルダーの要求事項やプロジェクトで作成する成果物の特徴などを考慮し、開発アプローチを選択します。

　要求事項が決まっており大きく変わらない場合は、予測型アプローチを選択することが好ましいと考えます。しかし、プロジェクトを推進しながら要求事項を見直したい場合や成果物の価値を早期にステークホルダーに提供したい場合などは、適応型アプローチのほうが好ましいかもしれません。

　ソフトウェアを開発するプロジェクトでは、一部成果物を予測型アプローチ、他の成果物を適応型アプローチで作成するという、ハイブリッド型のアプローチを選択する事例も増えてきています。

　ただし、これまで予測型アプローチのプロジェクト経験しかない組織が適応型アプローチを選択する場合は、注意が必要です。作業の進め方だけでなく、プロジェクトへの考え方も一部異なるため、予測型アプローチの考えで適応型アプローチでプロジェクトを進めようとすると、効果的に推進できません。適応型アプローチでのプロジェクトマネジメント経験者にサポートしてもらったり、適応型アプローチでの作業の進め方をプロジェクト・チーム・メンバーに教育したり、十分な準備をして取り組むことをおすすめします。

　開発アプローチを選択したら、作業の区切りとなるフェーズとライフサイクルを定めます。フェーズの終わりは、プロジェクトの状況を評価し、そのまま進めるのか方向性を見直すのかを判断するタイミングにもなるので、明

確に定めることをおすすめします。

　新会計プロジェクトでは、構築する新会計システムの会計処理は法律で定まっているものであり、部分的に機能がデリバリーされても利用できないため、予測型アプローチを選択しました。またフェーズは、「計画フェーズ」「要件定義フェーズ」「設計・開発フェーズ」「テスト・移行フェーズ」「運用・保守フェーズ」の 5 フェーズに分けて推進することにしました。

> **参照**　第 2 章「プロジェクトマネジメントの原理原則」の「10. テーラーリング」…p.39
> 　　　　第 3 章「2. 開発アプローチとライフサイクル・パフォーマンス領域」の「開発アプローチの選択」…p.61
> 　　　　第 3 章「2. 開発アプローチとライフサイクル・パフォーマンス領域」の「フェーズとライフサイクルの定義」…p.62

L　システム化方針の策定

　新会計プロジェクトのようなシステム開発のプロジェクトの場合、システム化の範囲が決まったところで、システム開発を行う上でのシステム化方針を決める必要があります。

　システム化方針は、システム開発のプロジェクトに特有なものであり、残念ながら PMBOK7 に記述はありません。各業界特有のプロジェクトに関する知識については、本書の第 1 章で紹介した PMIstandards+™ や各業界の専門誌、経験者の意見を参考にしましょう。

　システム化方針には、以下の事項を含みます。

構築方法

　市販されているパッケージソフトウェアを利用するか、会社の要望に従ったソフトウェアをゼロから開発するかの判断です。どちらを選択するかにより、要件定義フェーズ以降の作業が大きく変わります。

　新会計プロジェクトでは、要求事項であるシステム安定性と法令改正時の対応負荷軽減を重視し、導入実績が多く、プロダクト・スコープを満たすパッケージソフトウェアを選定することにしました。

推進体制

　自組織メンバーを中心に開発を進めるか、システム開発会社などの外部メンバーに大きく依存して進めるかの判断です。自社内に開発の知識が十分あるか、開発の知識を自社ノウハウとしたいか、運用・保守は誰が担うかなど

を考慮して判断します。

　また、認識相違が発生しやすい、新システムのユーザー説明や教育を、誰が担うかも考えます。説明資料の作成は、システム開発会社の人が上手とは限りません。新システム稼働後のユーザーサポート体制も考慮しながら考えます。

　なお、外部から要員やソフトウェアなどの資源を調達する場合、考慮すべき事項がないかを組織内で確認します。グループ経営を重視する会社では、基本的にグループ内の情報システム会社を起用することになっている場合があります。または取引の関係上、システム開発会社の選択に制限がある組織もあり、あらかじめ考慮しておく必要があります。

運用体制

　構築した新システムに障害が発生した場合、一次受付や問い合わせ対応を、社内のどの部門が担うのか、それとも外部に委託するかを考慮します。外部に委託する場合、システム開発会社の選定条件として、運用委託の可否および運用の実績や費用を考慮します。

利用技術

　新システムを構築する際に、会社として多少のリスクを冒しても最新技術を利用すべきなのか、それとも実績が多く信頼性の高い技術を利用するのか、技術とそのリスクに関する会社の考え方を確認します。その上で、前提としなければならない技術要素は何か、社内ノウハウ蓄積のために利用したい技術要素は何かを考慮します。また社内で標準としている環境がないか、サーバの OS や DBMS（データベース管理システム）、開発言語、PC の OS やブラウザのバージョンなどの制約がないかを確認します。会社によっては、システム開発の方法論を自社で保有している場合もあります。もしあれば、それを大いに利用しましょう。

　そのような資料がない場合は、過去に社内で実施したシステム開発のプロジェクト計画書などを参考にします。

参照　第 2 章「プロジェクトマネジメントの原理原則」の「7. 複雑さ」…p.35
　　　第 2 章「プロジェクトマネジメントの原理原則」の「8. リスク」…p.36
　　　第 2 章「プロジェクトマネジメントの原理原則」の「9. システム思考」…p.38
　　　第 2 章「プロジェクトマネジメントの原理原則」の「10. テーラーリング」…p.39

4 6 計画フェーズの作業手順（4）： プロジェクト計画の作成

計画作成の準備

　　プロジェクトの計画作成に先立ち、開発アプローチが決まっていること、および、プロジェクトの成果物が列挙されてスコープが明確になっていることを確認します。また、プロジェクトマネジメントで利用する各種指標の単位や算定方法なども定めておきます。

　　新会計プロジェクトの場合、目的は、新会計システムの構築ではなく、新会計システムを利用し業務効率を向上させることです。このため、新業務マ

Column

プロジェクトの目的と作業範囲に関するシステム開発会社との認識相違

　システム開発のプロジェクトでは、発注者であるユーザー企業と受託者であるシステム開発会社との間で、プロジェクトの目的と作業範囲の認識が相違し、大きな問題につながることが少なくありません。

　新会計プロジェクトの目的は、「新しい会計システムの構築」ではなく「業務改善を行い業務効率化すること」です。しかし、受託者であるシステム開発会社は、主に会計システムの構築を請け負っているため、システム構築が目的だと考え、以下作業範囲の認識に相違が発生しやすくなります。

- 他システム連携：他システムとの連携を調整するのは発注者か受託者か？
- 業務関連作業の実施主体：業務設計、業務マニュアル作成、ユーザートレーニング準備および実施などの実施主体は発注者か受託者か？
- 検収基準：要求された成果物を要件通りに作ればよいのか、要求された成果物をユーザーが滞りなく利用できるまで対応すべきなのか、要求された成果物をユーザーが利用し効果を出すまで対応すべきなのか？

　特に実施主体は、ユーザー企業が担うと考えるシステム開発会社が多いです。一方、システム開発を含めすべての作業をシステム開発会社に委託していると考えるユーザー企業もいます。双方が確認すべきと筆者は考えます。

ニュアルの整備と、業務効率がどの程度改善されたかを調査した導入評価報告書が必要と考え、これを WBS にも明記しました。

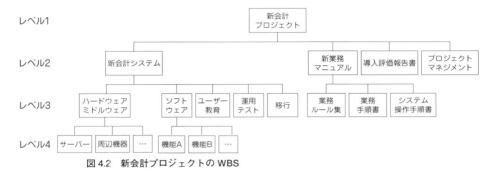

図 4.2　新会計プロジェクトの WBS

> **参照**　第 3 章「1. デリバリー・パフォーマンス領域」の「スコープの定義」…p.50
> 　　　　第 3 章「3. 計画・パフォーマンス領域」の「プロジェクト計画作成の準備」…p.69

⌞ 作業項目の洗い出し

WBS 最下層の成果物作成に必要な作業を、作業の見積りや進捗管理の単位となるアクティビティまで分解します。このアクティビティの洗い出しは、作成すべき成果物を理解し、具体的な作業内容をイメージできなければ正しく行えません。その成果物作成に詳しくない場合は、知見がある人に確認します。

新会計プロジェクトの鈴木さんのように、新会計システムの主利用部署である経理部以外の方がプロジェクト・マネジャーを務める場合、具体的な作業内容を理解していないことは多々あります。そのような場合でも、プロジェクトマネジメント・チームの誰かが作業を理解していれば問題ありません。しかし、プロジェクトマネジメント・チーム内の誰も作成したことのない成果物や行ったことのないアクティビティがある場合は、詳しい人に作業内容などの話を聞き、作業の見通しを立てることが大切です。

新会計プロジェクトの場合、導入評価報告書の内容がわからなかったので、その必要性を主張した経理部長兼取締役（スポンサー）に内容を確認しました。その結果、新会計システムの導入により業務効率がどのくらい改善されたか、数値で報告してほしいという回答を得ました。そこで改善度合いを数値で把握するために、1 枚の主要伝票の処理に要する時間を現在と導入後に測定・

比較し、結果を導入評価報告書としてまとめることにしました。

> **参照**　第 3 章「3. 計画・パフォーマンス領域」の「スケジュールの作成（予測型アプローチ採用時）」…p.71

作業順序確認

　アクティビティ間には従わなければならない順序関係や作業を効率的に進めるために最適な順序関係があります。

- A 作業が終わらないと、次の B 作業を開始できない
- A と B の両方の作業が終わらないと、C 作業を開始できない
- A の作業状況に関わらず、D 作業は開始できる

Column

「きっと」「たぶん」は要注意

　「きっと誰かがわかっているだろう」、「たぶん誰かが考えているだろう」と安易に期待し何も対応をとらず、それがプロジェクト後半で大きな問題につながる。筆者もそのような苦い経験を何回もしました。問題が発覚してから、「あのときに対応をとっていれば！」と悔やんだり、「プロジェクト・マネジャーのあなたが考えていると思っていました」と部下から言われて呆然としたり、「なぜ誰も考えなかったんだ！」と部下をつい叱責し気まずい思いをしたり、そのような失敗は、1 回や 2 回ではありません。

　その経験から、自分が「きっと」「たぶん」という言葉を発するときは、危ない兆候だと思うようになりました。そのような兆候があったときは、迷わず担当者に確認することにしました。この文書を執筆している今日も、そのような思いから、システム開発会社のエンジニアにしつこいくらい、確認をしました。エンジニアの方は、表面上は真摯に対応してくれていますが、内心では「うるさいな！」と思っているかもしれません。しかし、私は誰からどのように思われようが、危ない兆候に気付いたときは、確認することを止めるつもりはありません。確認した 10 回中のうち 9 回は、私の理解間違いや理解不足かもしれません。しかし、10 回中のうち 1 回でも双方の認識違いや検討漏れに気付くきっかけになれば、意味ある確認だと考えます。いかに問題が大きくなる前に対応を行うか、リスクの段階で対応を行うか、これがプロジェクト成功率向上につながると筆者は確信しています。

などの関係性があります。これらを、各アクティビティについて検討しておくことが大切です。

　新会計プロジェクトの場合、導入評価報告書の作成の準備作業として、調査内容を検討をした後、現行業務と新業務のフローをもとに、調査対象の選定や調査方法の具体的な検討を行うことにしました。新業務フローが現行業務フローと異なる場合、伝票処理時間の測定方法をあらかじめ考慮して測定しないと、両者の時間を比較できない可能性があるからです。

　その関係性を示したのが、図 4.3 です。PDM（Precedence Diagramming Method：プレシデンス・ダイアグラム法）を利用し、導入評価報告書に関連するアクティビティ間の順序関係を表現しています。

図 4.3　導入評価報告書に関するアクティビティの順序関係

　参 照　第 3 章「3. 計画・パフォーマンス領域」の「スケジュールの作成（予測型アプローチ採用時）」…p.71

■ 作業に必要な資源見積り、および所要期間見積り

　前述の「作業項目の洗い出し」で洗い出した各アクティビティの実施に必要な、要員の作業量や資源の数量などを見積ります。

　必要な資源は要員だけではありません。ソフトウェアの開発をするなら、開発を行う PC も必要ですし、各種開発ツールやソフトウェアのテスト環境も必要です。また作業を行う場所も確保する必要があります。

　参 照　第 3 章「3. 計画・パフォーマンス領域」の「スケジュールの作成（予測型アプローチ採用時）」…p.71

　次に、作業実施に必要となる現実的な所要期間を見積ります。

　例えば新会計プロジェクトのユーザーテストの実施にかかる作業工数は、以下のように見積ります。

- テストをする機能数：10 機能
- 機能当たりのテスト工数：8 人時 / 機能
- テスト全体の作業工数：80 人時（＝ 10 機能 × 8 人時／機能）

このユーザーテストを 2 人の経理部員が、1 日 8 時間作業するとした場合、

- 所要期間：5 日（＝ 80 人時 ÷（8 人時 / 日・人 × 2 人））

と計算できます。

　しかし、この担当する経理部員は、1 日中ユーザーテストのみ行えばよいのでしょうか？　日々の経理業務を行いながらプロジェクト作業を行わざるを得ない場合、現実的には 1 日 8 時間をユーザーテストの作業に費やすことは難しいと推測できます。つまり「所要期間は 5 日」という見積りは現実的でなく、このままでは残業をしない限り、作業遅延が発生してしまう可能性が高いと言わざるを得ません。

　経理部員へ新機能のユーザー教育をする場合も同様です。システム操作と新業務に関するトレーニングが 1 人当たり 8 時間必要と算出できたからといって、それを 1 日で実施するのは無理があります。全員がトレーニングに参加したら、その日は経理業務が何もできなくなります。

　さらに、あるテストが経理部の特定の 1 名しかできないとした場合、このテストはその人が空いている期間しか行えません。会計監査などへの対応からテストをする時間がとれない期間や、本人が長期休暇をとる期間などを考慮していない所要期間では、現実的とは言えません。

　所要期間を見積る際は、上記のような配慮ができるかどうかが非常に重要になります。

参照　第 3 章「3. 計画・パフォーマンス領域」の「スケジュールの作成（予測型アプローチ採用時）」…p.71
　　　第 3 章「3. 計画・パフォーマンス領域」の「人的資源の計画」…p.81
　　　第 3 章「3. 計画・パフォーマンス領域」の「物的資源の計画」…p.81

初期スケジュールの作成と調整

　上記で見積った所要期間をもとに、作業の予定開始日から作業終了日を求めたものがプロジェクトの初期スケジュールです。

　初期スケジュールは、スポンサーが要求したプロジェクトの期限などを考

慮していないため、プロジェクトの予定終了日を大きく越えてしまうかもしれません。または全く余裕がないスケジュールになってしまうかもしれません。このため、スケジュール調整が必要になります。

　まずはクリティカル・パスを計算して、どのアクティビティの所要期間を短縮すれば、スケジュールを短縮できるか見極めます。その上で、クラッシングやファスト・トラッキングなどの技法を利用し、スケジュールを見直します。どうしても無理がある場合は、アクティビティを見直し、簡素化できないかを検討します。

　次に、資源配分の見直しや負荷分散を考え、コンティンジェンシー予備を盛り込み、プロジェクト全体での遅延が発生しにくく、また遅延が発生したとしても対応しやすいスケジュールへと調整を行います。

　いずれにせよ、スケジュールは１回作れば完成というものではありません。全体のバランスを見ながら改善し、より実現性の高いスケジュールにしていくものです。

参照　第2章「プロジェクトマネジメントの原理原則」の「8. リスク」…p.36
第2章「プロジェクトマネジメントの原理原則」の「9. システム思考」…p.38
第2章「プロジェクトマネジメントの原理原則」の「10. テーラーリング」…p.39
第3章「3. 計画・パフォーマンス領域」の「スケジュールの作成（予測型アプローチ採用時）」…p.71
第3章「3. 計画・パフォーマンス領域」の「人的資源の計画」…p.81
第3章「3. 計画・パフォーマンス領域」の「物的資源の計画」…p.81
第3章「5. 測定・パフォーマンス領域」の「評価指標の選定と測定」…p.92

コストの見積り

　各作業の実施に必要な要員やその他資源の調達にかかる総コストを算出します。まだ決定していない事項があっても概算で見積ることが必要になります。総コストが想定していたプロジェクト予算の数倍になる見積りとなった場合、プロジェクトを行うべきか否かの根本から計画を見直す必要があるかもしれません。

　システム構築のコストを考える際に忘れがちなのが、作業環境の整備にかかる費用です。開発に利用するPC、サーバ、開発用ソフトウェアを、誰が負担し、いくらかかるのか。プロジェクト・チーム・メンバーがプロジェクト・ルームに集まり、作業を行うプロジェクトの場合、作業場所の確保・維持・利用にかかる費用も見込んでおくことが必要です。社内で十分な場所を確保

できないときや一時的にメンバーが増えるときは、外部に作業場所を用意する必要があるかもしれません。その場合、賃貸料や内装工事費、光熱費、引っ越し代、事務機器賃貸料などが発生します。また、基本はオンラインで作業を進めるプロジェクトの場合、ネットワーク環境の強化にコストが必要になるかもしれません。このような費用についても、必要に応じ予算化しておくことを忘れてはいけません。

　総コストの概算が算出できたら、時間の経過とともにどのようにコストがかかるかを算出します（コスト・ベースライン）。総コストが概算なので、まだ詳細なコスト・ベースラインの算出はできませんが、今後見直しを行う上でのたたき台とするためにも、この時点で作成する必要があります。

　新会計プロジェクトの場合、この時点では利用するパッケージソフトウェアやハードウェア構成などは決まっていなかったので、鈴木さんはシステム構築の専門家である情報システム部の高橋課長に聞いた概算金額やコンピュータシステムの専門誌の事例などを参考に、コストの概算を算出しました。

> **参照**　第 3 章「3. 計画・パフォーマンス領域」の「予算の計画」…p.79
> 　　　　第 3 章「5. 測定・パフォーマンス領域」の「評価指標の選定と測定」…p.92

◼ 体制の検討

　プロジェクト全体のマネジメント方法や体制を検討します。どのようなマネジメント方法がプロジェクトにとって最善なのか、プロジェクト・マネジャーはそのマネジメント方法を実践できるのか、選定したマネジメント方法が適切に機能するにはどのようなチーム体制や役割分担が最善なのかなどを、具体的に検討します。チームリーダーになる人材がいないのに、チームの人員のみを増やしても意味がありません。役割ごとに必要最小限のチームを考えます。

　体制を考える際に、プロジェクト成功のキーパーソンが誰かを考えます。プロジェクト・マネジャーを含むプロジェクトマネジメント・チームの仕事は、そのキーパーソンを中心にプロジェクト・チーム・メンバーが個々の能力を十分活かし、プロジェクトの方向性にあった行動ができるような仕組みを作ることです。

　フェーズごとに作業内容は変わるので、プロジェクトの体制もそれに伴い再考すべきです。プロジェクト全体の体制を検討する際は、まず次フェーズである要件定義フェーズの体制をしっかり検討し、設計・開発フェーズ以降

の体制については方針のみ考えておきます。

　新会計プロジェクトの場合、プロジェクトの目的は「会計システム刷新を期に業務を効率化すること」なので、鈴木さんは以下のように考えました。

　「企画部である自分がプロジェクト・マネジャーなので、どのような業務にするか、どのようなシステムを構築するかの主導は、機能要件チームと技術要件チームを作り、各チームに任せる分権型のほうが進めやすいかな」

　「機能要件の整理は、現行業務にとらわれずに信念を持ち推進する必要があるから、先見性のある田中さんの考えをいかに取り込めるかがキーになるな。現行業務を決めた経理部課長の山下さんを機能要件チームに入れてしまうと、田中さんが萎縮し自由な発想ができなくなる可能性があるので避けたほうがいいかも。すると、機能要件チームのリーダーは田中さんになってもらうのがよさそうだ」

　「新会計システムの構築では、情報システム部課長である高橋さんのシステム構築に関する知識や経験が必須で、キーパーソンの1人だろう。しかし高橋さんは親しくても大学の先輩という関係もあり、自分の指示で仕事をする位置づけではやりにくく感じるかもしれない。それならシステムの技術要件の洗い出しなどを行う技術要件チームのリーダーは彼の部下に行ってもらい、高橋さんにはアドバイザーとしてプロジェクトに参画してもらおう。そうすれば技術要件チームへの指示も行いやすいはずだ」

　「山下さんには経験から得たアドバイスをもらいたいので、プロジェクトに入ってほしいな。情報システム部の高橋さんにもサポートしてもらいたい。しかし2人とも人の話を聞かないタイプだから、その調整役として自分の上司である企画部の課長にも参画してもらおう！　三者の調整は少し面倒かもしれないが、後でいろいろ言われるぐらいなら、最初からステークホルダーとして対応したほうがよいだろう」

　その後社内で相談した結果、同期の経理部係長の田中さんと情報システム部課長の高橋さんをキーパーソンとし、経理部課長の山下さんや自分の上司をステアリング・コミッティ（プロジェクト進行状況の監査と方向性の確認を行う人たち）とした体制をとることに決めました。

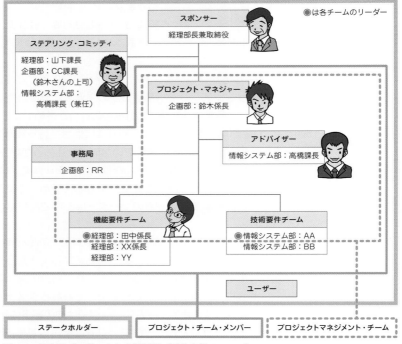

図 4.4　新会計プロジェクトの体制図（要件定義フェーズ）

参 照　第 2 章「プロジェクトマネジメントの原理原則」の「5. チーム」…p.32

第 2 章「プロジェクトマネジメントの原理原則」の「7. 複雑さ」…p.35

第 2 章「プロジェクトマネジメントの原理原則」の「11. スチュワードシップ」…p.41

第 3 章「3. 計画・パフォーマンス領域」の「人的資源の計画」…p.81

資源の調達の計画

　　プロジェクトの外部から資源を調達する場合の方針を検討します。資源の調達とは、ソフトウェアやハードウェアの調達だけでなく、設計作業や構築作業などを、外部のシステム開発会社などに委託または作業要員の提供を依頼することです。調達方針として、資源ごとの取得の要否、取得が必要な場合は「いつ」「何を」「どのように」「どの程度」取得すべきかを決めます。

　　新会計プロジェクトの場合、新会計システムのソフトウェアは、前述のシ

ステム化方針の策定で決めた通り、パッケージソフトウェアを利用することにしました。具体的な製品は、要件定義フェーズにおいて複数の候補の中から最もプロジェクトの要望にあった製品を選定することにしました。

> 参照 第3章「3. 計画・パフォーマンス領域」の「調達の計画」…p.82

品質の計画

　プロジェクト全体の品質を検討します。成果物が満たすべき最低レベルはどの程度か、プロジェクトとしてどのレベルの品質を目指すか、その品質を確保するためにはどのような対応を行えばよいかを検討し、文書化します。品質は高ければ高いほどよいというものではありません。品質を上げるとそれにかかるコストも上がるので、まずはステークホルダーが期待するレベルより少し高いレベルを目指すべきと、筆者は考えます。

> 参照 第2章「プロジェクトマネジメントの原理原則」の「2. 品質」…p.25
> 第3章「1. デリバリー・パフォーマンス領域」の「品質の定義」…p.54
> 第3章「5. 測定・パフォーマンス領域」の「評価指標の選定と測定」…p.92

コミュニケーションの計画

　プロジェクトマネジメント・チーム内やプロジェクト・チーム・メンバーとのコミュニケーションだけでなく、スポンサーや組織の関係部門、さらには成果物の利用者を含めたステークホルダーとのコミュニケーションを、どのように行うかを計画します。プロジェクトの状況報告や意見収集を、誰に対して、どのくらいの頻度で、どのような形態で行うかなどが計画する内容となります。

　特にプロジェクトの初期段階は、コミュニケーションに十分な時間をとることが大切です。プロジェクトのスコープや方向性について認識がずれたままプロジェクトを進めると、そのズレは次第に大きくなってしまい、修正できなくなります。

　「きっと皆、自分と同じように考えている」と思うことが間違いです。ふつう認識は合っていないものと考え、繰り返しコミュニケーションをとって認識差異を減らさなければならないと考えるべきです。

　プロジェクト・マネジャーの仕事の多くは、人とのコミュニケーションです。プロジェクト・マネジャーを担っている方の中には、コミュニケーションは苦手と思っている方もいるかもしれません。

　　しかしコミュニケーションが苦手だからといって、プロジェクト・マネジャーが務まらないわけではありません。「苦手だからこそ、しっかりと認識が合うよう、いろいろな方法でコミュニケーションをしよう」という意識がプロジェクト・マネジャーには最も必要なのです。

参照　第 3 章「3. 計画・パフォーマンス領域」の「コミュニケーションの計画」…p.82
　　　第 3 章「5. 測定・パフォーマンス領域」の「評価指標の選定と測定」…p.92
　　　第 3 章「6. ステークホルダー・パフォーマンス領域」のコラム「コミュニケーションの考慮点」…p.102
　　　本章コラム「「きっと」「たぶん」は要注意」…p.132

リスク対応の計画

　　プロジェクトのリスクにどのように向き合い、誰がどのように管理し、対応方法を決めるかを検討しておきます。あまり難しく考える必要はなく、プロジェクトマネジメント・チームやプロジェクト・チーム・メンバーがプロジェクトで不安に感じていることの記録から始めましょう。その不安を精査し、解消・軽減するために、WBS に作業項目を追加しようと行動するきっかけになればよいのです。

　　最初から完璧な管理をしようとは思わず、プロジェクトを進めながらより良い管理方法に改善・強化していくほうが、過剰な管理にならなくてよいと筆者は考えます。

　　新会計プロジェクトの場合、プロジェクト・マネジャーである鈴木さんが最初に簡単な表形式のリスク一覧表を作成し、プロジェクト・メンバーに「何でもいいから不安要素を挙げてほしい」と依頼して、リスクの特定から始めることにしました。

参照　第 2 章「プロジェクトマネジメントの原理原則」の「7. 複雑さ」…p.35
　　　第 2 章「プロジェクトマネジメントの原理原則」の「8. リスク」…p.36
　　　第 3 章「8. 不確かさ・パフォーマンス領域」の「リスク・マネジメントの計画」…p.114

変更要求への対応計画

　　プロジェクト計画をいくら緻密に作成しても、不確かさがある中で実施するのがプロジェクトなので、何かしらの変更は発生します。そこで、あらかじめ計画を変更する必要が発生した場合の対応方法や手順を定めておきます。

変更があったからといって、悲観すべきではありません。プロジェクトをさらに成功へと近づけるために変更を行うと考え、決めた対応に従い、変更作業に取り組む必要があります。

参照 第2章「プロジェクトマネジメントの原理原則」の「12. 適応力と回復力」…p.42
第3章「3. 計画・パフォーマンス領域」の「変更への対応」…p.82

4 7 計画フェーズの作業手順（5）：プロジェクト計画の承認

計画書作成と次フェーズ開始への準備

ここまでにプロジェクト計画として検討した結果を、プロジェクト計画書として文書にまとめます。また、全体との整合性を考えながら、各項目の見直しを行います。

プロジェクト計画書がある程度作成できたら、関係部署に確認を行います。特に資源として自部門以外の社内要員をプロジェクトで必要とする場合は、事前の確認は重要です。その人がプロジェクトに参加できないのであれば、プロジェクトの計画に大きな影響が出るからです。

また検討や記述に漏れがないかを、プロジェクトの経験者などに確認することをおすすめします。指摘してもらった事項の中には、同意できない内容や、指摘する理由がわからない場合もあるかもしれません。それは人により立場や考えが異なり、プロジェクトを見る視点が異なるからです。指摘してもらった事項をプロジェクト計画書に反映するか否か、プロジェクトマネジメント・チーム内で検討しましょう。

プロジェクト計画書が完成し、組織内でプロジェクト計画の承認がとれるまで、プロジェクトの作業は正式にはスタートできません。しかし、多くの場合、計画承認後すぐに要件定義フェーズの作業に入れるよう、要員確保などの事前調査や作業場所の仮押さえなども行っておきます。

参照 第3章「3. 計画・パフォーマンス領域」の「人的資源の計画」…p.81
第3章「3. 計画・パフォーマンス領域」の「プロジェクトマネジメント計画書への統合」…p.83

╚ プロジェクト計画承認と社内への通知

　プロジェクト計画書が完成したら、スポンサーやステークホルダーを集め、プロジェクト計画書の説明会を実施します。組織によっては、このような説明会を実施する前に、事前に各担当部署などに確認を行う必要があるかもしれません。組織の慣習に従い実施しましょう。

　プロジェクト計画の説明会を行う目的は、スポンサーを含む主要ステークホルダーに、プロジェクトへの共通認識を持ってもらった上で、プロジェクト計画の承認と今後のサポートをお願いするためです。

　プロジェクト計画の承認がとれたら、プロジェクトを社内に周知しましょう。必要な部署へプロジェクトに関する情報が行き届いていないと、プロジェクトへの協力や賛同が得られにくいなどの問題につながります。

> **参照**　第 2 章「プロジェクトマネジメントの原理原則」の「3. ステークホルダー」…p.28
> 　第 2 章「プロジェクトマネジメントの原理原則」の「4. 変革」…p.30
> 　第 3 章「4. プロジェクト作業・パフォーマンス領域」の「コミュニケーションのマネジメント」…p.89
> 　第 3 章「6. ステークホルダー・パフォーマンス領域」の「エンゲージメント」…p.101

▐ Column

承認作業にかかる所要期間を見積っていますか？

　スポンサーやステークホルダーに承認をとる必要がある場合、それにかかる期間には余裕を持たせなければなりません。プロジェクトマネジメント・チームが管理できるプロジェクト・チーム・メンバーの予定はコントロールできますが、スポンサーやステークホルダーの予定はそうはいきません。承認をとる会議自体は 1 時間で終わるかもしれませんが、スポンサーやステークホルダーなどの参加者の予定を合わせるために、所要期間としては 2 週間以上かかることは少なくありません。

　また承認を得るための会議で見直し要求が出された場合、その見直し要求に対応し、再度承認申請する時間も必要となります。

　承認作業にかかる期間が 1 日で、その次の日から実作業が始まるようなスケジュールでは、スケジュール遅延が起こる可能性が大きいと言わざるを得ません。

新会計プロジェクト　プロジェクト計画書

1）背景
　現在、全社で業務効率化を進めているが、経理部では思うように進んでいない。業務効率化を推進するには、老朽化した現行会計システムの刷新と現行業務の手順・範囲にとらわれない業務の見直しが必要である。

2）プロジェクトの目的
　・会計システム刷新を機に業務を効率化すること

3）プロジェクトの目標および成功基準
　・20xx年3月までに現行会計システムを刷新し、業務効率化を進め以下を実現する
　・支払伝票の経理部内処理を10分以内
　・入金処理に伴う営業部内の処理を現在より50%以上削減

4）プロジェクトの成果物
　・新会計システム
　・新業務マニュアル
　・導入評価報告書

5）主要ステークホルダー
　・プロジェクト・スポンサー …… 経理部長兼取締役
　・顧客 …… 経理部
　・プロジェクト・マネジャー …… 鈴木さん
　・プロジェクトマネジメント・チーム …… 経理係長
　・プロジェクト・メンバー …… 経理部員、情報システム
　　部員、ベンダー企業要員
　・その他ステークホルダー …… 鈴木さんの上司、ベンダー企業の部長、経費精算を行う社員

6）制約条件
　・新システムへの移行は20xx年4月
　・PC環境に依存しないシステムの構築

7）前提条件
　・既存業務システムとのデータ連携を実現
　・新システム利用ユーザーは、全経理部員および経費精算を行う社員（約50名）

8）作業範囲
　・本店および大阪、名古屋、福岡支店での経理業務
　・子会社、海外事務所での経理業務は対象外
　・経理部業務のうち、管理会計、資金繰りに関しては対象外

9）作業一覧（WBS）
　・別紙記載

10）想定リスク
　・別紙記載

11）概算予算
　　総額1.2億円

12）プロジェクト組織
　・別紙記載

13）要約スケジュール
　・別紙記載

14）管理方法
　・会議体は、進捗会議は週1回、社内報告は月1回実施する
　・変更管理は、…
　・問題点管理は、…
　　　　　…

図 4.5　新会計プロジェクトのプロジェクト計画書

PMBOK を利用した
プロジェクトマネジメント実践
要件定義フェーズ

　この章では、システム導入プロジェクトの要件定義フェーズの作業において、PMBOK7 の 12 のプロジェクトマネジメントの原理原則と 8 つのプロジェクト・パフォーマンス領域のどれを利用するか、筆者の理解に基づき説明します。
　なお組織またはプロジェクトによっては、システム開発会社の選定後に要件定義を行う場合もあります。手順に合わせて適宜読み替えてください。

5 1　要件定義フェーズの準備

■ 目的、目標、価値につながる要求事項を確認する

　第 4 章で説明した計画フェーズでは、プロジェクトや成果物に求める要求事項を主要なステークホルダーから聞き出して整理し、プロダクト・スコープおよびプロジェクト・スコープを定義しました。要件定義フェーズでは、要求事項の実現に必要な機能要件および非機能要件を定義します。

　要求事項を実現するために、業務をどのように改善すればよいのか、システムにどのような機能があればよいのか、システムの操作性や処理時間がどの程度改善すればよいのかなどの要件を、業務を実施する担当者やシステム利用者などのステークホルダーに確認し、文書化します。

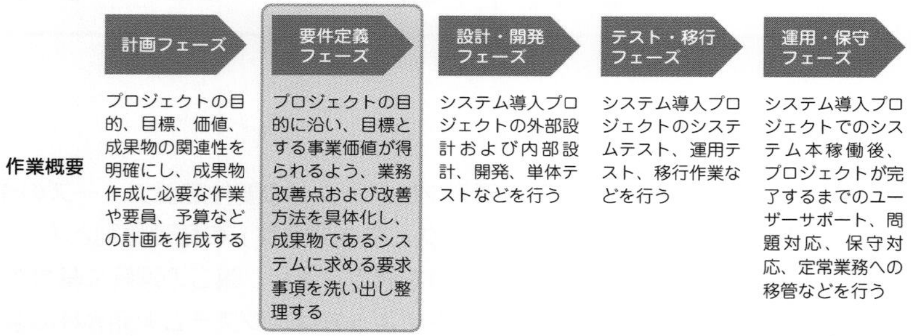

	計画フェーズ	要件定義フェーズ	設計・開発フェーズ	テスト・移行フェーズ	運用・保守フェーズ
作業概要	プロジェクトの目的、目標、価値、成果物の関連性を明確にし、成果物作成に必要な作業や要員、予算などの計画を作成する	プロジェクトの目的に沿い、目標とする事業価値が得られるよう、業務改善点および改善方法を具体化し、成果物であるシステムに求める要求事項を洗い出し整理する	システム導入プロジェクトの外部設計および内部設計、開発、単体テストなどを行う	システム導入プロジェクトのシステムテスト、運用テスト、移行作業などを行う	システム導入プロジェクトでのシステム本稼働後、プロジェクトが完了するまでのユーザーサポート、問題対応、保守対応、定常業務への移管などを行う

図 5.1　新会計プロジェクトの要件定義フェーズ

　計画フェーズは、プロジェクト・マネジャーを中心としたプロジェクトマネジメント・チームが計画作業を進めました。要件定義フェーズは、プロジェクト・チーム・メンバーも参画して各種作業を進めます。

　このため要件定義フェーズでプロジェクトマネジメント・チームが重視すべきことは、プロジェクトの目標実現に向け、メンバーの能力を最大限に引き出し、与えた役割を担えるように働きかけることと、作業環境を整備することです。

　また要件定義フェーズの作業は、指示されたことをがむしゃらに行えばよいのではなく、業務をどのように改善すればよいのか、システムにどのような機能があればよいのかなどの、討議・検討が中心となります。以下を注意しながら、討議・検討を進め、要件を具体的に文書化します。

- 要件の抜け漏れ防止：後続フェーズで要件の抜け漏れが判明すると、スコープに大きく影響するため
- 一貫性と整合性の確保：プロジェクトの目的、目標の実現につながり、相互に整合する要件を定義するため

　プロジェクトへの期待が大きく、業務やシステムを良くしたいという思いが強いと、つい現在業務で困っている点やシステムで改善したい点など、自分の興味のあることのみ深く討議・検討し、多くの時間を費やしてしまうことが多くあります。

　そのため、プロジェクトマネジメント・チームは、個々の業務処理や詳細なシステム機能にこだわりすぎず、常にプロジェクトの目的や目標、ステークホルダーに提供すべき価値を念頭に置き、要求事項を洗い出し整理するようメンバーに指示を行うことが大切です。

　新会計プロジェクトの場合、業務の改善点を決めてから、具体的な業務やシステムの要求事項の討議・検討ができているかを、適宜チェックします。また現状業務や社内の慣例にとらわれすぎず、改善案を討議・検討しているかを確認します。

（討議・検討の例）
- 業務はテレワークで行えることを前提とし、業務およびシステムを見直す。そのために、紙を中心とした業務処理から脱却し、PC があれば業務処理が行えるように、紙の電子化や承認作業でのワークフロー導入、PC の情報漏洩対策などに取り組む
- 全件目視でのチェックから、システムでのチェックや一部データの抜き取りチェックに変更する。それを支える機能として、伝票分類や金額、取引先などの各種条件に該当する伝票の抽出機能、気になる伝票にメモを残せる機能、勘定科目ごとの金額の内訳となる請求書や領収書などの証憑まで特定・閲覧できる機能などを構築する
- 起票時点で入力ミスが発生しにくく、間違いに気付きやすいシステムを構築する。具体的には、入力作業自体を減らせるよう、交通費精算は、交通系 IC カードのデータを活用できる仕組みにし、間違いの多い箇所の情報を適宜入力者や承認者へ通知できる仕組みを導入する

参照　第 2 章「プロジェクトマネジメントの原理原則」の「1. 価値」…p.24
　　　第 2 章「プロジェクトマネジメントの原理原則」の「4. 変革」…p.30

5 2　要件定義フェーズの作業手順（1）：要件定義の開始

■ 計画書の内容の説明

　計画フェーズでプロジェクト開始の承認がとれたら、プロジェクト・チーム・メンバーを全員集め、プロジェクト計画書の内容を説明し、プロジェクトを実質的にスタートさせます。これを「キックオフ会議」と呼びます。

　キックオフ会議でプロジェクト・マネジャーが行うべきことは、皆の注目を自分に向かせ、自分がプロジェクト・マネジャーであると明確に伝えることです。その上で、プロジェクトの背景、目的、目標、価値、主要な成果物、体制、スケジュールなどを説明し、メンバーが感じる不安や疑問を軽減することも必要です。

　キックオフ会議では、メンバーの思いはさまざまです。プロジェクト実施により得られる価値に懐疑的な人もいるでしょうし、何も聞かされずこのプロジェクトのメンバーとして選出された人もいるかもしれません。そのためプロジェクト・マネジャーは、メンバーの意識を統一・向上できるよう、話をする必要があります。

　このプロジェクトは組織にとってどのような位置づけにあるのか、参加するメンバーは何を期待されているのかなど、思いを込めて伝えます。多くのことを一度に伝えようとしても、相手は混乱するだけです。多くを伝えることよりも、伝えるべきポイントを絞り、確実に伝わることを主眼に置いて話の内容を決めます。たとえプロジェクトの先行きに不安があったとしても、プロジェクト・マネジャーは決してそれを顔や言葉に出してはいけません。

　また説明を行いながら、参加者の表情をよく観察してください。説明を理解しているかどうか、プロジェクトを肯定的に捉えているか否かは、表情を見ればある程度わかるものです。怪訝そうな表情をしている人がいたら要注意です。場合によっては、後で話しかけてフォローします。全体の説明が終わったら、メンバーがすべきことを正確に伝えます。また次回の具体的な作業に関する打ち合わせがいつあるのか、それまでに準備すべきことはあるのかなどを伝えます。

　キックオフ会議が終わったら、今度はプロジェクトマネジメント・チームで振り返りと今後の対応について確認します。

　新会計プロジェクトのプロジェクト・マネジャーである鈴木さんは、人前で話をすることに慣れていないので、事前に 1 人でキックオフ会議での発表の練習をしました。鏡を見ながら、表情、話すスピード、姿勢、使う言葉をチェッ

クして、会議に臨みました。

キックオフ会議の終了後、プロジェクトマネジメント・チームであるアドバイザーの高橋課長や各チームのリーダーで集まり、キックオフ会議で怪訝そうな表情をしていたメンバーへの今後の対応や、ステークホルダーからの質問があったプロジェクト計画書のわかりにくい表現の見直しなどについて、話をしました。

プロジェクト計画自体は参加者に理解いただけたので、スケジュールに沿って各チームで作業を進めるよう、各チームのリーダーに指示しました。

参照 第2章「プロジェクトマネジメントの原理原則」の「1. 価値」…p.24
第2章「プロジェクトマネジメントの原理原則」の「3. ステークホルダー」…p.28
第2章「プロジェクトマネジメントの原理原則」の「4. 変革」…p.30
第3章「4. プロジェクト作業・パフォーマンス領域」の「コミュニケーションのマネジメント」…p.89
第3章「6. ステークホルダー・パフォーマンス領域」の「理解と分析」…p.101
第3章「6. ステークホルダー・パフォーマンス領域」の「エンゲージメント」…p.101

チーム活動の開始

プロジェクト計画に沿い、プロジェクト・チーム・メンバーを各チームに割り当て、役割と権限を与えます。しかし、メンバーをチームに分けて権限を与えたからといって、すぐにチームとして活躍できるわけではありません。ときには人として意見のぶつかり合いもありながら、相手を受け入れることにより、チームとして成長します。

参照 第2章「プロジェクトマネジメントの原理原則」の「5. チーム」…p.32
第3章「3. 計画・パフォーマンス領域」の「人的資源の計画」…p.81
第3章「4. プロジェクト作業・パフォーマンス領域」の「プロジェクト作業のマネジメント」…p.85
第3章「4. プロジェクト作業・パフォーマンス領域」の「人的資源のマネジメント」…p.86
第3章「7. チーム・パフォーマンス領域」の「マネジメント活動の選定とチーム編成」…p.106
第3章「7. チーム・パフォーマンス領域」の「メンバーの育成・指導・働きかけ」…p.106

5 3 要件定義フェーズの作業手順（2）：要件定義の推進

作業の指示と進捗状況の監視

　プロジェクトのスケジュールに従い、各作業の推進を指示します。また作業状況・進捗状況を適宜確認して、予定と実績の差異を把握します。定期的に進捗会議を行い、プロジェクト・チーム・メンバーやスポンサーを含むステークホルダーで進捗状況を共有します。

> **参　照**　第 3 章「4. プロジェクト作業・パフォーマンス領域」の「プロジェクト作業のマネジメント」…p.85
> 　　　　　第 3 章「4. プロジェクト作業・パフォーマンス領域」の「コミュニケーションのマネジメント」…p.89
> 　　　　　第 3 章「5. 測定・パフォーマンス領域」の「評価指標の選定と測定」…p.92
> 　　　　　第 3 章「5. 測定・パフォーマンス領域」の「情報の提示」…p.96

メンバーの後方支援

　機能要件の定義や技術要件の定義の具体的な作業が始まったら、要件定義の作業はプロジェクト・チーム・メンバーに任せて、プロジェクト・マネジャーは、プロジェクトが進むべき方向に各メンバーの意識を合わせることに専念しましょう。機会があるごとに繰り返し、プロジェクトの目的や重要性をメンバーに説明します。

　要件定義フェーズでは、意義ある討議は大いにすべきです。意義ある討議を重ねることにより、プロジェクトで行うべきことが明確になり、それはプロジェクト全体の品質向上につながるからです。逆に要件定義フェーズにおいてメンバー間やステークホルダーとのコミュニケーションが少なく、メンバーが PC に向かって黙々と詳細な資料を作成しているようなら要注意です。

　またプロジェクト・マネジャーが、要件定義の会議に参加するのは構いませんが、細かいことに口出しするのは好ましくありません。作業の進め方などに納得いかない場合は、チームリーダーに伝えるべきであり、メンバーがいる会議で指摘すべきではありません。プロジェクト・マネジャーであるあなたが発言すると、それに反対の意見を言える人がいないため、実質的に命令になってしまうからです。各チームリーダーが中心となって作業を進められるよう、配慮しましょう。

　プロジェクトによっては、プロジェクト・マネジャーが要件定義の資料を

作成したり、ユーザーへインタビューしたりするかもしれません。しかしそれはプロジェクト・マネジャーとして行っているのではなく、あくまでも要件定義作業の担当者を兼務しており、その立場で行っているということを忘れないでください。

　メンバーが効率的に作業できる環境を整備するのも、プロジェクト・マネジャーが率先して取り組むべき仕事です。組織のほかの業務と兼務しているメンバーが作業時間の調整で困惑している場合、先方の管理者と調整を行い、状況の改善を図ります。資源不足やスケジュールの優先順位、作業スタイルなどでメンバーが各種対立に巻き込まれている場合は、その対立を解決できるよう支援します。

　新会計プロジェクトでは、まず現状の経理業務の問題点を特定し、皆で共通認識を持つことが重要だと鈴木さんは考えました。しかしこれは経理部のメンバーにとっては自己否定につながることもあり、そう簡単ではありません。不快感を示すメンバーもいるかもしれません。そこで鈴木さんは、最初に現状業務の正当性を認めた上で、さらなる業務効率の改善を会社が求めていることを伝えるようにしました。

> **参照**　第2章「プロジェクトマネジメントの原理原則」の「11. スチュワードシップ」
> …p.41
> 　第3章「4. プロジェクト作業・パフォーマンス領域」の「プロジェクト作業のマネジメント」…p.85
> 　第3章「7. チーム・パフォーマンス領域」の「メンバーの育成・指導・働きかけ」…p.106

メンバーおよびチームの育成

　プロジェクトの成功に必要な成果物を作成するのは、プロジェクト・チーム・メンバーです。つまり、メンバーの能力・スキルを向上させることは、プロジェクトの成功に近づけるための重要な施策の1つです。特に期間が長いプロジェクトの場合、メンバーの育成はプロジェクトの成否に大きく影響するため、プロジェクトマネジメント・チームは計画的に取り組む必要があります。

　育成すべきなのは、メンバーの個人としての能力・スキルだけではなく、チームとして成果を導き出す組織力です。チームとして弱みを補強し、強みを活かすためには、メンバーが個人としてだけでなく、チームの一員として振る舞うことが求められます。その活動の1つがリーダーシップです。リーダーシップは、チームのリーダーだけが求められているのではなく、各自が状況

によりリーダーシップを示し、チームに貢献することが求められます。

参照　第 2 章「プロジェクトマネジメントの原理原則」の「5. チーム」…p.32

第 2 章「プロジェクトマネジメントの原理原則」の「6. リーダーシップ」…p.33

第 2 章「プロジェクトマネジメントの原理原則」の「11. スチュワードシップ」…p.41

第 3 章「7. チーム・パフォーマンス領域」の「メンバーの育成・指導・働きかけ」…p.106

第 3 章「7. チーム・パフォーマンス領域」の「チームの育成」…p.107

第 3 章「7. チーム・パフォーマンス領域」の「チームのマネジメント」…p.107

納入者の選定

　新会計プロジェクトのようにパッケージソフトウェアを導入する場合、パッケージソフトウェアとその導入作業を行うシステム開発会社を選定する必要があります。調達内容や調達金額の正当性を確保するために、通常、複数のシステム開発会社から提案を受け、その中から自社であらかじめ作成した基準に従って評価し、発注するシステム開発会社および利用するパッケージソフトウェアを選定します。選定に際しては、計画フェーズで社内確認した調達方針に従う必要があります。

　まず行うべきは、調達条件を提案依頼書（RFP：Request For Proposal）にまとめることです。システムで実現したい業務機能要件、稼働環境などの技術要件、その他セキュリティや応答時間などの非機能要件をまとめます。

　RFP を作成する上で、自組織がシステム開発会社に求める役割や期待を明確にしておく必要もあります。例えば、次のような期待です。

- 自組織のメンバーの一員となり、ユーザーと一緒にシステム構築を進めてほしい
- 最近の技術を利用したシステムを提案してほしい
- システムだけでなく業務の見直し案についても他社事例の紹介やアドバイスが欲しい　など

　システム開発会社がすべての要望を満たせるとは限りません。自分たちは何ができて何が不足しているのかを整理し、その足りない部分を補ってもらえるようなシステム開発会社を選定します。

　提案書には、導入を委託した場合の作業範囲や体制を明確に記述してもら

うことが重要です。特に体制については、システム開発会社側の体制だけで
なく、発注側に求める体制と想定作業時間を明記するよう依頼します。これ
は自分たちの作業範囲や実施体制のみ記述し、それ以外は知らないと考える
システム開発会社が少なくないからです。

　それは次のように言われているのと同じことです。「我々が行うのはシステ
ムの導入だけです。ユーザーへの教育や業務運用設計、導入効果を出すため
の地道な活動は自社で行ってください。またシステム導入に際し、お客様の
協力を求める場合があります。我々が求めるときに、求める分だけ時間を割
いてください。我々はお客様の要員にかかるコストについては全く関知しま
せん」と。

　さらに RFP では、提案してもらいたい箇所を明確にする必要があります。
あれもこれも提案してくれと伝えて、具体的に提案してほしい箇所を明示し
ないと、自社の要求を満たす内容の提案ではなく、どの会社でも当てはまる
ような一般的な提案か、提案する側が売り込みたい内容の提案になってしま
います。

　RFP 作成と同時に、選定対象となる候補探しを行います。選定対象となる
システム開発会社やソフトウェアは、多ければ多いほどよいというものでは
ありません。その後の選定評価もあるので、入札により調達しなければなら
ない場合を除き、比較対照しやすい数社に留めておきましょう。

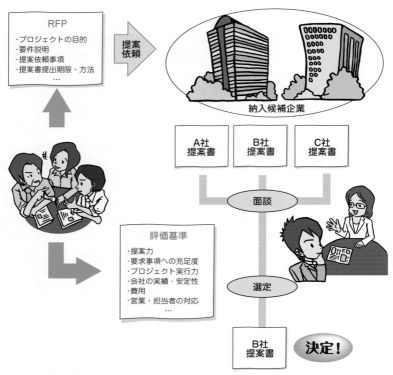

図 5.2　納入者選定の流れ

　RFP をシステム開発会社に渡す前に行うべきことがもう 1 つあります。シ
ステム開発会社からの提案を評価する基準を決めておくことです。この基準
を先に決めておかないと、提案評価者の意見が割れた場合、評価者の力関係
により選定先が決まってしまいます。

　評価基準の 1 つとして、担当者や提案書の説明を行うエンジニアの受け答
えなども含めましょう。一度システムを導入したら、通常は 5 年以上使い続
けます。システム会社とはその間、運用・保守で継続的にお付き合いするこ
とになります。提案内容や金額も重要ですが、信頼ができ、プロジェクト目
標に向け一緒になって協力してくれるパートナーとなるシステム開発会社を
選定することも、同じくらい重要だと筆者は考えます。

　RFP を作成して選定先候補が決まったら、選定先候補の担当者向けに
RFP を送付し、指定日までに提案書を提出してほしいと依頼します。RFP
だけでは要件を伝えにくいようであれば、RFP の説明会を開催します。また、

RFP 配布後、RFP の内容に関して問い合わせがあるので、それに受け答えできる体制を用意する必要があります。

　RFP を配布したすべてのシステム開発会社が提案してくれるとは限りません。あまりにも返答率が低いようであれば、RFP 自体に問題があります。その場合は RFP 自体を見直し、再度提案を依頼しなければなりません。

　提案書の提出があったシステム開発会社とは提案日の日程を調整し、提案内容について説明を受けます。提案内容だけでなく、提案書を説明する人が真剣にプロジェクトのことを考えているか、システム開発会社がこのプロジェクトの案件を真剣に獲得したいと思っているかなどを、会話の中から読み取りましょう。

　受領した提案は、作成した評価基準に従って評価・比較し、自社にとって最適と考える提案を採択します。その後、組織内のルールに沿い、選定したシステム開発会社と契約を締結します。

> **参照** 第 2 章「プロジェクトマネジメントの原理原則」の「10. テーラーリング」…p.39
> 第 3 章「4. プロジェクト作業・パフォーマンス領域」の「調達の実行とマネジメント」…p.87

ステークホルダーへの対応

　プロジェクト・マネジャーを中心としたプロジェクトマネジメント・チームの重要な仕事の 1 つが、スポンサーや組織内の関連部門、組織外のお客様やユーザーなどのステークホルダーとのコミュニケーションです。

　例えばプロジェクト計画の説明後に、プロジェクトへの影響力が強いステークホルダーがプロジェクト・マネジャーを訪ねてきて、プロジェクト・スコープに合わない事項を要望してくるかもしれません。または直接ではなく、スポンサーや会社のマネジメント層経由で、要望を伝えてくるかもしれません。やっかいなことにそれらの要望は、プロジェクトの目的と合っていなかったり、プロジェクトで考える価値とは異なっていたり、ステークホルダーの思いつきであったりすることもあります。

　このような場合、プロジェクト・マネジャーはどのように対応すべきなのでしょうか？　プロジェクトへの影響力が強いからといって、すべての要望に対して Yes という対応をしていたら、プロジェクトは当初の目的とは異なる方向に進んでしまいます。だからといって何も対応をしないと、そのステークホルダーから反感を買い、プロジェクトの運営に影響が及ぶような事態を招く可能性があります。

　　地道な対応ではありますが、タイミングを計りステークホルダーに直接話を聞いて趣旨を確認し、対応要否を検討することが最善だと筆者は考えます。プロジェクトマネジメント・チームが気付いていなかっただけで、プロジェクト計画に問題があり、それを示唆するための要望かもしれません。または説明に問題があり、ステークホルダーにプロジェクト計画が適切に伝えられていないだけかもしれません。プロジェクトの目的とは異なる要望だったとしても、ステークホルダーの意見に耳を傾け、趣旨を理解しようとする姿勢は必要です。その上でプロジェクトとしての考えを伝え、理解を求めて両者間のギャップを埋めるための言動・行動をとることをおすすめします。

　　これは非常に手間がかかり、気が進まない仕事かもしれませんが、EQ を利用して気持ちを前向きにし、「要望があるということは、プロジェクトに興味を持たれている証拠！」と捉えて行動しましょう。

参照　第 2 章「プロジェクトマネジメントの原理原則」の「3. ステークホルダー」…p.28
　　　第 2 章「プロジェクトマネジメントの原理原則」の「11. スチュワードシップ」
　　　…p.41
　　　第 3 章「6. ステークホルダー・パフォーマンス領域」の「エンゲージメント」
　　　…p.101
　　　第 3 章「7. チーム・パフォーマンス領域」の「前提知識」…p.104

図 5.3　ステークホルダーとプロジェクト・チームとの、ギャップを埋める

リスクへの対応

　　プロジェクトの作業を監視している際に、将来的にプロジェクトの進捗阻

害要因となりそうな事項を認識したら、リスクとして登録・管理します。そのリスクの影響度および影響範囲を算定し、その影響度や緊急度をもとに対応の優先順位を決め、優先順位の高いリスクから対応策を検討・対応します。

またリスクとして認識・対応した後も、リスクが残存している限り、随時リスクへの対応状況などを監視することが必要です。

新会計プロジェクトの場合、現行システムの機能を機能要件チームが調査しようとしたところ、現行会計システムに関する説明資料が一部不正確であることが判明しました。鈴木さんはこの状態をリスクだと認識し、既存会計システムから新会計システムへのデータ移行設計に問題が出る可能性が高いと推測しました。そこでこのリスクへの対応策として、新会計システムを導入・設計するシステム開発会社への要求事項として、データ移行設計前に既存会計システムの一部プログラムの解読作業を実施することを追加しました。これはリスクの回避に相当します。

参照 第2章「プロジェクトマネジメントの原理原則」の「8. リスク」…p.36
第3章「8. 不確かさ・パフォーマンス領域」の「リスクの特定」…p.114
第3章「8. 不確かさ・パフォーマンス領域」の「リスクの定性的分析」…p.114
第3章「8. 不確かさ・パフォーマンス領域」の「リスク対応の計画」…p.115

5 4 要件定義フェーズの作業手順（3）：要件定義終了後の対応

■ プロジェクト計画書の見直し

要件定義フェーズの作業を行うことによって、システムのイメージは少し具体的になったはずです。またシステムに新たに追加する機能や、システムで対応せず運用で対応する機能などが整理されたはずです。しかし、これらの新機能などの要求事項を実現するには、計画フェーズで作成したプロジェクト計画書に変更を加える必要があるかもしれません。それは WBS の変更かもしれませんし、スコープやスケジュール、コストの見積りの変更かもしれません。

大きな変更が必要になる場合は、各種計画の変更作業だけでなく、スポンサーや組織内の各部署、ステークホルダーとの調整が必要になる可能性があります。これらの対応は大変な場合もありますが、それがプロジェクト成功

に必要なのであれば、プロジェクトマネジメント・チームは前向きに取り組まなければなりません。

　要求事項に基づく変更が変更管理委員会で審議・承認された場合、プロジェクト計画書の修正・反映を確実に行う必要があります。プロジェクトが始まって間もない要件定義の段階では、変更管理方法そのものの問題に気付くかも

Column

会議の目的

　繰り返しお伝えしてきたように、プロジェクトではコミュニケーションが非常に重要です。コミュニケーションの目的を実現するための 1 つの手段が会議です。

　しかし会議に参加したものの、「何のための会議かよくわからなかった」「自分には関係なかった」「参加者がいろいろ話をしていたけど、何も決まらなかった」などの経験をしたことはありませんか？

　会議には以下のような種類があり、コミュニケーションの目的により、適切な種類を選択して運営する必要があります。

- 報告・連絡会議：情報が必要な参加者同士が集まり、情報共有を行い、その後の行動に活かすための会議
- 問題解決会議：問題の解決に貢献できる参加者が集まり、問題の特定、原因の追究、課題の設定、対策案の検討を行うための会議
- 意思決定会議：判断が必要な事項について、情報をもとに判断できる参加者が、意思決定するための会議
- アイデア出し会議：いろいろな考え方や意見を持つ参加者を集め、多くのアイデアやひらめきを導き出すための会議（ブレインストーミング会議など）

　また、会議の目的や種類、議題に応じて、適切な参加者を招集することが大切です。参加者が多すぎると、時間を持て余す人が増えたり、発言機会が減って参加意識が下がったりなどの悪影響があります。

　あなたが招集する会議は、どの種類ですか？　開催の目的は、参加者に伝わっていますか？　目的達成に必要十分な参加者を呼んでいますか？　人数は適切ですか？

　会議をより効果的な活動にするために、会議を開催する前に目的や議題を記述した会議要項の作成をおすすめします。

しれません。その場合はステアリング・コミッティに相談の上、変更管理方法を改善しましょう。

参 照 第2章「プロジェクトマネジメントの原理原則」の「12. 適応力と回復力」…p.42
第3章「3. 計画・パフォーマンス領域」の「変更への対応」…p.82
第3章「4. プロジェクト作業・パフォーマンス領域」の「変更のマネジメント」…p.89

要件定義フェーズ作業の承認

要件定義書を作成し、プロジェクト計画書に必要な修正を行ったら、スポンサーやステアリング・コミッティなどを集め、要件定義フェーズの作業結果と、それに伴って修正したプロジェクト計画書を説明します。

説明会の目的は、要件定義結果の概要と当初計画とで何が変わったかを理解してもらった上で、プロジェクトをこのままの方向性で進めてよいか確認することです。

またプロジェクトとして認識しているリスクを伝え、その影響度や対応方法に相違がないかも確認します。

要件定義後に修正したプロジェクト計画書に記載したスケジュールおよびコストの見積りは、計画フェーズで記載した数字よりも信頼性の高いものになっていなければなりません。組織によっては、このコストの見積りをもとに正式なプロジェクトの実施を承認する「実行伺い」を作成し、組織内で承認を得ます。

承認がとれたら、組織内へ周知しましょう。プロジェクトに関する情報が必要な部署に行き届いていないと、プロジェクトへの協力や賛同が得られにくいなどの問題につながります。

新会計プロジェクトの場合、要件定義フェーズ完了報告会として説明会を開催し、プロジェクト・マネジャーである鈴木さんが説明しました。ステアリング・コミッティの山下課長から、将来見込まれている法令改訂への対応について質問があったので、リスクとして登録し、次フェーズ以降で対応を検討すると回答しました。またステアリング・コミッティの高橋課長からはセキュリティ対策について指摘があり、その場では回答できなかったので、後日回答すると約束するとともに、プロジェクトの課題として管理し、次フェーズで対応を検討することにしました。

参 照 第2章「プロジェクトマネジメントの原理原則」の「3. ステークホルダー」…p.28
第2章「プロジェクトマネジメントの原理原則」の「8. リスク」…p.36

第 3 章「4. プロジェクト作業・パフォーマンス領域」の「コミュニケーションの
マネジメント」…p.89
第 3 章「6. ステークホルダー・パフォーマンス領域」の「エンゲージメント」
…p.101
第 3 章「8. 不確かさ・パフォーマンス領域」の「リスクの特定」…p.114

要件定義フェーズの振り返り

　要件定義フェーズの作業が完了したら、プロジェクト・チーム・メンバー
を集め、フェーズの振り返りを行うことをおすすめします。要件定義フェー
ズの作業実施を労うとともに、予定通りに討議・検討できたか、予定通り行
えなかった場合は何が問題だったのか、メンバーに意見を聞きます。もし、
討議・検討が不十分だと思っている箇所があれば、次フェーズの初めに対応
すべきです。漠然とした不安であれば、リスクとして管理して対応要否を検
討します。

　実施済みの作業を悔やんでも仕方がありません。プロジェクト成功に向け
今後何ができるかを考えてメンバーに示すことが、プロジェクト・マネジャー
を中心としたプロジェクトマネジメント・チームの役割です。またその振り
返りが、メンバーの育成につながります。

　参照　第 3 章「4. プロジェクト作業・パフォーマンス領域」の「プロジェクト期間を
通じた学習」…p.89
第 3 章「7. チーム・パフォーマンス領域」の「メンバーの育成・指導・働きかけ」
…p.106

次フェーズ開始の準備

　要件定義フェーズの完了が承認された後、すぐに設計・開発フェーズの作
業に入れるよう事前に各種準備を進めます。設計・開発フェーズでは、要件
定義フェーズで明確にした要求事項を実現するための業務手順やルールを定
めたり、システム機能の設計・開発を行ったりします。

　設計・開発フェーズになると、マスターデータの作成や業務マニュアルの
作成、運用テストの準備など、組織内で行うべき作業も増え、組織内メンバー
の増員が求められる場合があるため、その調整が必要になります。またシス
テム開発会社との設計・開発フェーズ以降の契約締結も必要です。

　プロジェクトの要員が増えると、作業で必要な PC や作業場所なども確保

しなければなりません。進捗会議や報告会などのステークホルダーとのコミュニケーションの取り方も見直したほうがよいかもしれません。

　また設計・開発フェーズにおける品質を詳細化しておきます。計画フェーズではプロジェクト全体の品質について決めましたが、設計・開発フェーズの作業および成果物に対する品質については、詳細には決定できていない場合もあります。そこで、設計・開発フェーズでの作業が満たすべき最低レベル品質はどの程度か、プロジェクトとしてどのレベルの品質を目指すか、その品質を確保するためにはどのような対応を行えばよいかを、このタイミングで検討・文書化するのです。

　なおシステム開発の場合、設計書を細かく書くことが品質向上につながるわけではありません。設計書を細かく書きすぎると、仕様変更が発生した場合の設計書の修正工数は大きくなるので注意が必要です。開発するソフトウェアの品質を確保するために「何を設計書に書くか」を決めることが重要なのです。

> **参照**　第2章「プロジェクトマネジメントの原理原則」の「2. 品質」…p.25
> 　　　　第3章「1. デリバリー・パフォーマンス領域」の「品質の定義」…p.54
> 　　　　第3章「4. プロジェクト作業・パフォーマンス領域」の「人的資源のマネジメント」…p.86
> 　　　　第3章「4. プロジェクト作業・パフォーマンス領域」の「物的資源のマネジメント」…p.86
> 　　　　第3章「4. プロジェクト作業・パフォーマンス領域」の「調達の実行とマネジメント」…p.87

Column

マイナスの報告を恐れない

　スポンサーやステアリング・コミッティなどに向けての説明会では、要件定義の内容を含め、当初計画と何が異なるかを明確に伝える必要があります。この説明会ではマイナスのメッセージも明確に伝えなければなりません。

　スポンサーやステークホルダーに怒られそうだから、反対されそうだからと本来伝えるべき内容を伝えなかったり、曖昧にしてしまったりすると、後で取り返しの付かないことになります。プロジェクトの目的やスコープ、効果に関する認識の違いを、時間は何も解決しません。むしろプロジェクトが進み、伝えるのが遅れれば遅れるほど、プロジェクトに与える影響は増大してしまいます。

PMBOK を利用した
プロジェクトマネジメント実践
設計・開発フェーズ

　この章では、システム導入プロジェクトの外部設計および内部設計、開発、単体テストなどを行う設計・開発フェーズの作業において、PMBOK7 の 12 のプロジェクトマネジメントの原理原則と 8 つのプロジェクト・パフォーマンス領域のどれを利用するか、筆者の理解に基づき説明します。PMBOK7 には、システム導入プロジェクトの設計・開発フェーズの具体的な進め方に関する記述はありません。しかし、参考になる記述は多くあるので、それらを参照しながら、設計・開発フェーズで行うべきプロジェクトマネジメントの概要を理解しましょう。

6 1　設計・開発フェーズの準備

■ 生産性向上に貢献する

　設計・開発フェーズでは、業務運用の設計作業やシステムの設計・開発作業、各種マニュアルの作成作業など、プロジェクト・チーム・メンバーはさまざまな作業に取り組む必要があり、多くの工数がかかります。このため設計・開発フェーズでプロジェクトマネジメント・チームが重視すべき点は、メンバーが作業に集中できるように、作業環境を整備したり間接業務にかかる工数を抑えられるよう検討・改善したりすることで、メンバーの生産性を向上させることです。

	計画フェーズ	要件定義フェーズ	設計・開発フェーズ	テスト・移行フェーズ	運用・保守フェーズ
作業概要	プロジェクトの目的、目標、価値、成果物の関連性を明確にし、成果物作成に必要な作業や要員、予算などの計画を作成する	プロジェクトの目的に沿い、目標とする事業価値が得られるよう、業務改善点および改善方法を具体化し、成果物であるシステムに求める要求事項を洗い出し整理する	システム導入プロジェクトの外部設計および内部設計、開発、単体テストなどを行う	システム導入プロジェクトのシステムテスト、運用テスト、移行作業などを行う	システム導入プロジェクトでのシステム本稼働後、プロジェクトが完了するまでのユーザーサポート、問題対応、保守対応、定常業務への移管などを行う

図 6.1　新会計プロジェクトの設計・開発フェーズ

> **参照**　第 2 章「プロジェクトマネジメントの原理原則」の「11. スチュワードシップ」
> …p.41

6 2　設計・開発フェーズの作業手順（1）：設計・開発作業の開始

■ プロジェクトの状況の説明

　設計・開発作業に着手する前に、プロジェクト・チーム・メンバーを全員集め、プロジェクトの目的や目標、ステークホルダーに提供する価値をあらためて説明した上で、現在の状況と今後の作業について説明します。

　設計・開発フェーズからプロジェクトに参加するメンバーは少なくないた

め、プロジェクトの目的や目標などを十分理解していないメンバーもいるかもしれません。メンバーは指示された作業を黙々と行えばよいのかもしれませんが、プロジェクトの目的や目標、価値を理解・意識して作業したほうが、作業の抜け漏れや認識違いに気付きやすく、また品質も高くなると筆者は考えます。プロジェクトの成功に少しでも近づきたいなら、メンバーへのプロジェクトの目的や目標、価値を周知徹底することをおすすめします。

また設計・開発作業で求める品質についても、作業開始前にメンバー全員に説明します。

参 照 第2章「プロジェクトマネジメントの原理原則」の「1. 価値」…p.24
第2章「プロジェクトマネジメントの原理原則」の「4. 変革」…p.30
第3章「1. デリバリー・パフォーマンス領域」の「品質の定義」…p.54
第3章「4. プロジェクト作業・パフォーマンス領域」の「コミュニケーションのマネジメント」…p.89

⬛ チーム活動の開始とコミュニケーションの工夫

要件定義フェーズと同様に、プロジェクト計画に沿い、プロジェクト・チーム・メンバーを各チームに割り当て、役割と権限を与えます。メンバーをチームに分けて権限を与えたからといって、すぐにチームとして活躍できるわけではありません。チーム内での意見のぶつかり合いなどを乗り越えて、チームとして成長します。

設計・開発作業ではメンバーも増えるため、コミュニケーション・ミスが発生しやすくなります。作業に関係するメンバーと適宜コミュニケーションをとりながら作業を進めるようメンバーに促すとともに、関係者間で情報交換できる機会を設けるなど、コミュニケーション改善に役立つ環境の整備を行います。

新会計プロジェクトの場合、テレワークのメンバーもいるので、コミュニケーション・ミスを少しでも防ぐために、各チームで毎日15分間の朝会と雑談の時間を設けることにしました。オンライン会議システムを利用し、基本的には顔を映して参加することを推奨します。

参 照 第2章「プロジェクトマネジメントの原理原則」の「5. チーム」…p.32
第3章「3. 計画・パフォーマンス領域」の「人的資源の計画」…p.81
第3章「4. プロジェクト作業・パフォーマンス領域」の「人的資源のマネジメント」…p.86
第3章「6. ステークホルダー・パフォーマンス領域」のコラム「コミュニケーショ

ンの考慮点」…p.102

第 3 章「7. チーム・パフォーマンス領域」の「メンバーの育成・指導・働きかけ」
…p.106

6 3 設計・開発フェーズの作業手順（2）：設計・開発作業の推進

作業の指示と進捗状況の監視

　プロジェクトのスケジュールに従い、各作業の実施を指示します。作業状況・
進捗状況を適宜確認して、予定と実績の差異を把握します。定期的に進捗会
議を行い、プロジェクト・チーム・メンバーやスポンサーを含むステークホ
ルダーで進捗状況を共有します。

　この進捗会議は、プロジェクトの進捗管理だけのために行うのではありま
せん。プロジェクト・チーム・メンバーが抱える作業上の課題・問題点を拾
い上げ、その解決策を検討することのほうが大切です。「予定より 3 日進ん
でいます」「予定より 5 日遅れています」などのメンバーからの報告を受け、
プロジェクト・マネジャーが、「よくやった」「もっと頑張れ！」と檄を飛ば
すだけでは不十分です。

　なぜ予定より遅れているのか、今後の見通しはどうか、どうすれば改善で
きるのかなどを検討するのが進捗会議です。予定より進んでいる場合でも安
心せず、それが一時的なものなのか、潜在する問題がないのかなどを皆で検
討し、プロジェクトの先行きを含めた正しい状況把握に努めます。

参照　第 3 章「4. プロジェクト作業・パフォーマンス領域」の「プロジェクト作業の
マネジメント」…p.85

第 3 章「4. プロジェクト作業・パフォーマンス領域」の「コミュニケーションの
マネジメント」…p.89

第 3 章「5. 測定・パフォーマンス領域」の「評価指標の選定と測定」…p.92

第 3 章「5. 測定・パフォーマンス領域」の「情報の提示」…p.96

品質のチェック

　設計・開発作業による成果物や作業が当初決めた品質を満たしているか、定期的に確認します。設計・開発時の成果物の品質には、設計書のレビュー指摘数やテスト項目数などがあります。

　プロジェクト・チーム内での確認以外に、会社の品質保証部などが独自に品質をチェックする場合もあります。品質チェックの連絡が来たら、プロジェクト・マネジャーは前向きに対応しなければなりません。

　設計・開発フェーズは、成果物を大量に作成するときであり、メンバーの生産性低下に影響するようなチェックは、できれば避けたいと思うかもしれません。しかし、このチェックにより、見落とされている作業や、逆に不要な作業を指摘してもらえる可能性もあります。そのメリットを期待し、前向きに対応しましょう。

> **参照** 第2章「プロジェクトマネジメントの原理原則」の「2. 品質」…p.25
> 　　　 第3章「1. デリバリー・パフォーマンス領域」の「品質の定義」…p.54

Column

進捗報告の注意点

　進捗状況を実際より良く報告したいと思う人は少なくありません。それが一時的なものであればよいのですが、常態化するようであれば何かしらの対応が必要です。実際より進捗状況を良く報告するには、何かしらの理由があります。例えば、進捗達成率の基準が決まっていない、遅延を報告するとチームリーダーまたはプロジェクト・マネジャーから叱責を受ける、などです。

　進捗達成率の基準が明確でないのであれば、プロジェクト・マネジャーからメンバーに対し、再度説明を行う必要があります。叱責を恐れて進捗状況を実際より良く報告しているなら、早急にプロジェクトマネジメント・チームの対応を見直さなければなりません。

　スケジュール遅延は、スケジュール自体に問題があったり、他の作業の影響により作業が進まなかったりなど、本人の問題ではないことが多くあります。作業が遅延しているからといってメンバーを叱責しても、何も問題は解決しません。

　作業遅延が判明した場合は、まずプロジェクト・マネジャーやプロジェクトマネジメント・チームに問題がないかを確認しましょう。メンバーがありのままに進捗報告できるような雰囲気にすることが、正しい進捗管理の第一歩です。

メンバーの後方支援および調整

　設計・開発フェーズでは、プロジェクト・マネジャーが設計書の作成やプログラムの開発を行うわけではありません。プロジェクト・マネジャーがすべきことは、メンバーが効率的に作業できる環境を整備し、生産性向上に貢献することです。組織のほかの業務と兼務しているメンバーが作業時間の調整で困惑している場合、先方の管理者と調整して状況の改善を図ります。資源不足やスケジュールの優先順位、作業スタイルなどでメンバーが各種対立に巻き込まれている場合は、その対立を解決できるよう支援します。

　設計・開発作業は機能ごとに担当を決めて作業を進めるため、その作業分担の境界部分で最も問題が発生しやすくなります。このリスクを減らすには、各担当者が自分の担当する機能と関連がある機能の担当者と連絡を密に行う、第三者が作業に漏れがないかを確認する、といった対策が求められます。

　また設計・開発作業の品質を維持するには、作業のあら探しも必要となります。これは各チームのリーダーが行うべき役割ですが、チーム間でほかに担当者がいなければ、プロジェクト・マネジャーが行います。各担当者の仕事についてあれこれ言うことになるので、楽しい仕事ではないかもしれません。しかし、プロジェクトの成功のためには必要な作業です。

　修正が必要な箇所を見つけて修正依頼をする場合は、メンバーの心境にも配慮します。問題を指摘されて喜ぶ人は誰もいません。「間違いが多いじゃないか！」と感情的に間違いを責められたらやる気は失せ、生産性は下がります。間違いを責めるのではなく、間違いが起きないようにすること、間違いを発見したら速やかに対応することに注力しましょう。

参照　第 2 章「プロジェクトマネジメントの原理原則」の「11. スチュワードシップ」
　　　…p.41
　　　第 3 章「7. チーム・パフォーマンス領域」の「メンバーの育成・指導・働きかけ」
　　　…p.106

図 6.2　メンバーを支えるのがプロジェクト・マネジャー

■ メンバーおよびチームの育成

要件定義フェーズに引き続き、メンバーの能力・スキルの向上やチームとしての成長も促します。チーム内で自発的にメンバー育成のアイデア出しや活動が起きる状態を目指しましょう。メンバー各自がチームを通してプロジェクトに貢献しようとする振る舞いが、メンバーに求めるリーダーシップです。

> **参照** 第2章「プロジェクトマネジメントの原理原則」の「5. チーム」…p.32
>
> 第2章「プロジェクトマネジメントの原理原則」の「6. リーダーシップ」…p.33
>
> 第2章「プロジェクトマネジメントの原理原則」の「11. スチュワードシップ」…p.41
>
> 第3章「7. チーム・パフォーマンス領域」の「メンバーの育成・指導・働きかけ」…p.106
>
> 第3章「7. チーム・パフォーマンス領域」の「チームの育成」…p.107
>
> 第3章「7. チーム・パフォーマンス領域」の「チームのマネジメント」…p.107

■ 契約状況の確認

パッケージシステムの導入や要員調達で契約しているシステム開発会社と定期的にコミュニケーションをとり、契約通り設計・開発を行っているか、双方に認識違いがないかを確認します。

> **参照** 第3章「4. プロジェクト作業・パフォーマンス領域」の「調達の実行とマネジメント」…p.87

■ ステークホルダーへの対応

設計・開発フェーズのステークホルダー対応は、プロジェクト状況の共有とシステム稼働前後での協力依頼が中心となります。プロジェクトの開始から時間が経つと、プロジェクトへの関心が弱まってくるステークホルダーもいます。これに伴い、あれこれ要求を言われなくなったと安心してはいけません。ステークホルダーに常にプロジェクトへの興味を持ってもらい、プロジェクトの成功に協力してもらえるよう各種働きかけを行うことが、プロジェクトマネジメント・チームには求められています。

> **参照** 第2章「プロジェクトマネジメントの原理原則」の「3. ステークホルダー」…p.28
>
> 第2章「プロジェクトマネジメントの原理原則」の「11. スチュワードシップ」…p.41
>
> 第3章「6. ステークホルダー・パフォーマンス領域」の「エンゲージメント」…p.101

⌎ リスクへの対応

　　プロジェクトの作業を監視している際に、将来的にプロジェクトの進捗阻害要因となりそうな事項を認識したら、リスクとして登録・管理します。そのリスクの影響度および影響範囲を算定し、その影響度や緊急度をもとに対応の優先順位を決め、優先順位の高いリスクから対応策を検討・対応します。

　　またリスクとして認識・対応した後も、リスクが残存している限り、適宜リスク対応状況などの監視が必要です。

　　新会計プロジェクトの場合、マスターデータとして作成すべき項目が多く、作成時に入力ミスをするとデータ整合性が損なわれる可能性があることが判明しました。そこで、特にその可能性が高いデータについては、表計算ソフトのマクロ機能を利用し、簡易的にデータ整合性チェックを行うことにしました。これはリスクの軽減に相当します。

> | 参 照 | 第 2 章「プロジェクトマネジメントの原理原則」の「8. リスク」…p.36
> 第 3 章「8. 不確かさ・パフォーマンス領域」の「リスクの特定」…p.114
> 第 3 章「8. 不確かさ・パフォーマンス領域」の「リスクの定性的分析」…p.114
> 第 3 章「8. 不確かさ・パフォーマンス領域」の「リスク対応の計画」…p.115
> 第 3 章「8. 不確かさ・パフォーマンス領域」の「リスクの監視」…p.117

⌎ 変更への対応

　　設計・開発フェーズでは、作業を進めていくとさまざまな変更要求が発生します。進捗遅れによるスケジュールの変更要求もあれば、システム開発会社に構築を依頼するカスタマイズ要件の追加もあります。

　　変更要求が変更管理委員会で審議・承認された場合、プロジェクト計画書への修正・反映を確実に行わなければなりません。ただしスケジュールの修正には注意が必要です。安易にスケジュールを修正すると、スケジュールを死守しようという意識が薄れるためです。またコストの見積りの変更に際しては、前述のアーンド・バリュー・マネジメントなどを利用して計画からのコスト差異を把握した上で実施します。

　　変更が他のシステムと連携する箇所である場合は、他のシステム開発会社の作業範囲にも影響するので特に注意が必要です。

　　技術的制約や要件の確認漏れなどから、仕様変更は随時発生します。変更の承認がとれたものについては、確実に変更が実施されるよう関係者に連絡・指示します。このとき、五月雨式に伝えると各担当者も混乱する可能性があるので、変更による影響度を考えた上で、タイミングを計って指示します。

参 照 第 2 章「プロジェクトマネジメントの原理原則」の「12. 適応力と回復力」…p.42

第 3 章「3. 計画・パフォーマンス領域」の「変更への対応」…p.82

第 3 章「4. プロジェクト作業・パフォーマンス領域」の「変更のマネジメント」…p.89

第 3 章「5. 測定・パフォーマンス領域」のコラム「アーンド・バリュー・マネジメント（EVM）」…p.94

｜Column

立場が違えば主張も違う

　変更が、発注者と発注先であるシステム開発会社の両社が合意するような機能修正であれば問題ないのですが、そうでない場合は問題が発生します。

　例えば業務要件の想定外のシステム利用により、データの整合性がとれなくなってしまった場合、発注者である顧客は「貴社はシステム開発のプロなのだから、そういうことでは困る」と、責任を発注先であるシステム開発会社側に押し付けます。一方、システム開発会社側は「そのようなシステム利用は想定外であり、要件としてお聞きしていませんので機能を作りませんでした。すべてのシステム利用を想定して開発しろというなら、今の見積りでは到底できません」と、自分たちの正当性を訴えます。さて、これはどちらに問題があるのでしょうか。

　筆者はどちらにも問題があると考えます。顧客とはいえ、何でもかんでもシステム開発会社に責任を押し付ける姿勢には問題があります。最初にきちんと業務要件の想定外での利用の可能性を伝えなかった責任はあります。またシステム開発会社側も「言われなかったから作らない」という姿勢ではお粗末です。データの不整合が発生する可能性を認識していたなら、システム上どのように対応すべきか顧客に確認するのがプロの役目ではないでしょうか。

　いずれにせよ責任の擦り合いは無意味であり、発生してしまったものは仕方がありません。いかにお互いが歩み寄り、スケジュールおよびコストの影響を最小限で収めるかに焦点を絞り、対応することが重要です。そしてここでもプロジェクト・マネジャーのコミュニケーション力が求められるのです。

6 4 設計・開発フェーズの作業手順（3）： 設計・開発終了後の対応

プロジェクト計画書の見直し

　　設計・開発フェーズ中に行った変更対応により、プロジェクト計画書の見直しが必要な箇所がないか、再度確認します。プロジェクト・スコープの見直しやシステム移行の時期の変更、追加での予算獲得など、大きな変更をしなければならない場合は、組織内での調整や承認に時間がかかることもあります。

> **参 照**　第 3 章「3. 計画・パフォーマンス領域」の「変更への対応」…p.82
> 　　　　　第 3 章「4. プロジェクト作業・パフォーマンス領域」の「変更のマネジメント」…p.89

設計・開発フェーズ作業の承認

　　設計・開発フェーズの作業が終わったら、スポンサーやステアリング・コミッティなどを集め、設計・開発フェーズの作業結果の報告と、作業に伴って修正したプロジェクト計画書を説明します。

　　説明会の目的は、システム稼働後の業務運用およびシステム機能が、当初計画と何が変わったかを理解してもらった上で、プロジェクトをこのままの方向性で進めてよいか確認することです。またプロジェクトとして認識しているリスクを伝え、その影響度や対応方法に相違がないかも確認します。

　　承認がとれたら、組織内へ周知しましょう。プロジェクトに関する情報が必要な部署に行き届いていないと、プロジェクトへの協力や賛同が得られにくいなどの問題につながります。

> **参 照**　第 2 章「プロジェクトマネジメントの原理原則」の「3. ステークホルダー」…p.28
> 　　　　　第 2 章「プロジェクトマネジメントの原理原則」の「8. リスク」…p.36
> 　　　　　第 3 章「4. プロジェクト作業・パフォーマンス領域」の「コミュニケーションのマネジメント」…p.89
> 　　　　　第 3 章「6. ステークホルダー・パフォーマンス領域」と「エンゲージメント」…p.101
> 　　　　　第 3 章「8. 不確かさ・パフォーマンス領域」の「リスクの特定」…p.114

設計・開発フェーズの振り返り

　設計・開発フェーズの作業が完了したら、要件定義フェーズと同様に、プロジェクト・チーム・メンバーを集め、フェーズの振り返りを行うことをおすすめします。設計・開発フェーズの作業実施を労うとともに、予定通りに討議・検討できたか、予定通り行えなかった場合は何が問題だったのか、メンバーに意見を聞きます。もし、討議・検討が不十分だと思っている箇所があれば、早急に対応を検討すべきです。漠然とした不安であれば、リスクとして管理して対応要否を検討します。

　実施済みの作業を悔やんでも仕方がありません。プロジェクト成功に向け今後何ができるかを考えてメンバーに示すことが、プロジェクト・マネジャーを中心としたプロジェクトマネジメント・チームの役割です。またその振り返りが、メンバーの育成につながります。

> **参照** 第3章「4. プロジェクト作業・パフォーマンス領域」の「プロジェクト期間を通じた学習」…p.89
> 第3章「7. チーム・パフォーマンス領域」の「メンバーの育成・指導・働きかけ」…p.106

次フェーズ開始の準備

　設計・開発フェーズの完了が承認された後、すぐにテスト・移行フェーズの作業に入れるよう事前に各種準備を進めます。テスト・移行フェーズは、システム本稼働前の最後の作業フェーズです。システムテストや運用テスト、ユーザー教育、ユーザーテスト、移行作業を行います。

　設計・開発の作業実施により、テスト・移行フェーズで行うべき作業がより明確になります。この段階で、計画フェーズでは詳細化できなかったテスト・移行フェーズのWBSや作業項目を見直し、必要に応じて計画の変更を行います。作業に必要な資源や工数、期間がより正確に見積れるはずです。

　テスト・移行フェーズになると、新システムでの業務運用を想定したテストを実施するとともに、新業務および新システムへの移行の準備と最終確認を行います。これまでのプロジェクト・チーム・メンバーだけでは行えず、現在業務を行っている組織職員などにも協力を求めることになるので、それに向けた案内や準備を事前に進める必要があります。

　特に業務運用を想定したテストでは、何が確認できれば新業務および新システムに移行が可能であると言えるのか、事前に決めておく必要があります。新システムに業務運用上の不安がある状態で、スケジュール通りにシステム

稼働することを優先し、システム稼働後に大きな問題が発生するプロジェクトは少なくありません。冷静な判断ができる状態で、移行可否の判定基準を定めておくことをおすすめします。

　テスト・移行フェーズ以降の体制や要員計画についても見直しを行います。最も工数がかかる設計・開発フェーズの完了後、多くのプロジェクトではメンバーを大幅に減らします。予定通りメンバーをプロジェクトからリリースできるのか確認し、要員リリースの手続きを進めます。

　テスト・移行フェーズになると、体制やメンバーの担当を大きく変える場合もあります。これに合わせて作業環境の見直しも必要になります。

　テスト・移行フェーズのテストなどで発生したバグ対応をスムーズに行うために、コミュニケーション計画についても再考しなければなりません。ステークホルダーなどとのプロジェクト全体でのコミュニケーション計画も見直し、プロジェクトの状況報告や意見収集を、どのくらいの頻度で、どのような形態で行うかを決めます。

参　照　第 2 章「プロジェクトマネジメントの原理原則」の「2. 品質」…p.25

　　　　　第 3 章「1. デリバリー・パフォーマンス領域」の「品質の定義」…p.54

　　　　　第 3 章「3. 計画・パフォーマンス領域」の「人的資源の計画」…p.81

　　　　　第 3 章「3. 計画・パフォーマンス領域」の「コミュニケーションの計画」…p.82

　　　　　第 3 章「4. プロジェクト作業・パフォーマンス領域」の「人的資源のマネジメント」…p.86

　　　　　第 3 章「4. プロジェクト作業・パフォーマンス領域」の「物的資源のマネジメント」…p.86

　　　　　第 3 章「4. プロジェクト作業・パフォーマンス領域」の「調達の実行とマネジメント」…p.87

PMBOK を利用した
プロジェクトマネジメント実践
テスト・移行フェーズ

　この章では、システム導入プロジェクトのシステムテスト、運用テスト、移行作業などを行うテスト・移行フェーズの作業において、PMBOK7 の 12 のプロジェクトマネジメントの原理原則と 8 つのプロジェクト・パフォーマンス領域のどれを利用するか、筆者の理解に基づき説明します。PMBOK7 には、システム導入プロジェクトのテスト・移行フェーズの具体的な進め方に関する記述はありません。しかし、参考になる記述は多くあるので、それらを参照しながら、テスト・移行フェーズで行うべきプロジェクトマネジメントの概要を理解しましょう。

7 1 テスト・移行フェーズの準備

確実に作業を進める

　テスト・移行フェーズは、システムが本稼働する前の最後のフェーズです。このフェーズで問題を見落としたら、それは業務に支障が出ることを意味しています。このためテスト・移行フェーズでは、1 つひとつの作業を確実に行うことが求められます。十分な確認がされずに行われている作業がないか、手順や役割が不明確になっている作業がないかなど、いろいろな視点で調査・確認を行い、もしそのような作業の漏れや間違いを見つけたら、迅速かつ適切に対処します。これが、プロジェクト・マネジャーを中心とするプロジェクトマネジメント・チームに求められる対応です。

　特にシステムの移行作業では失敗は許されません。システムテストや運用テストだけでなく、移行作業のテストについても十分実施・確認することが重要です。

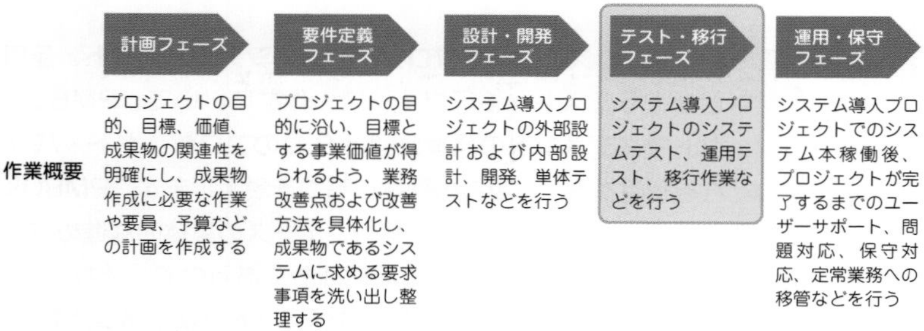

	計画フェーズ	要件定義フェーズ	設計・開発フェーズ	テスト・移行フェーズ	運用・保守フェーズ
作業概要	プロジェクトの目的、目標、価値、成果物の関連性を明確にし、成果物作成に必要な作業や要員、予算などの計画を作成する	プロジェクトの目的に沿い、目標とする事業価値が得られるよう、業務改善点および改善方法を具体化し、成果物であるシステムに求める要求事項を洗い出し整理する	システム導入プロジェクトの外部設計および内部設計、開発、単体テストなどを行う	システム導入プロジェクトのシステムテスト、運用テスト、移行作業などを行う	システム導入プロジェクトでのシステム本稼働後、プロジェクトが完了するまでのユーザーサポート、問題対応、保守対応、定常業務への移管などを行う

図 7.1　新会計プロジェクトのテスト・移行フェーズ

参照　第 2 章「プロジェクトマネジメントの原理原則」の「2. 品質」…p.25
　　　　第 2 章「プロジェクトマネジメントの原理原則」の「9. システム思考」…p.38

7 2 テスト・移行フェーズの作業手順（1）： テスト作業の開始

プロジェクト状況の説明

テスト作業に着手する前に、プロジェクト・チーム・メンバー全員を集め、現在の状況と今後の作業について説明します。テスト・移行フェーズは、システム本稼働前の最後の作業フェーズです。ミスや見落としは許されないので、慌てず、1 つひとつの作業を確実に行うようにメンバーに伝えます。特にコミュニケーション・ミスによる認識違いが発生しないよう、これまで以上に確実にコミュニケーションをとるように伝えます。

新会計プロジェクトでは、運用テストでのテスト項目の網羅性を高めるために、システム利用者にも協力を求め、テスト項目を洗い出すことにしました。

> 参照　第 3 章「1. デリバリー・パフォーマンス領域」の「品質の定義」…p.54
> 第 3 章「4. プロジェクト作業・パフォーマンス領域」の「コミュニケーションのマネジメント」…p.89

7 3 テスト・移行フェーズの作業手順（2）： テスト作業の推進

作業の指示と進捗状況の監視

プロジェクトのスケジュールに従い、各作業の実施を指示します。作業状況・進捗状況を適宜確認して、予定と実績の差異を把握します。定期的に進捗会議を行い、プロジェクト・チーム・メンバーやスポンサーを含むステークホルダーで進捗状況を共有します。

> 参照　第 3 章「4. プロジェクト作業・パフォーマンス領域」の「プロジェクト作業のマネジメント」…p.85
> 第 3 章「4. プロジェクト作業・パフォーマンス領域」の「コミュニケーションのマネジメント」…p.89
> 第 3 章「5. 測定・パフォーマンス領域」の「評価指標の選定と測定」…p.92
> 第 3 章「5. 測定・パフォーマンス領域」の「情報の提示」…p.96

■ メンバーの後方支援および調整

　テスト作業でプロジェクト・マネジャーやプロジェクトマネジメント・チームが注力すべきことは、担当者間の情報伝達がスムーズに行えるよう支援または調整することです。テストで出たバグや問題の重要度に応じ、関係者と素早く連携をとって対応します。

　このフェーズのテストで露呈する問題には、要件定義や設計時のコミュニケーション・ミスに起因するものが多くあります。プロジェクト・チーム内で確認作業を十分行っていれば、発生しなかった問題もあるはずです。

　コミュニケーションの問題があった場合、誰が悪いかを調べて責任を追及しても、得られるものはありません。プロジェクト内のメンバー間で、「言った・言わない」の議論が始まらないように、プロジェクト・マネジャーが目を光らせる必要があります。原因となるコミュニケーション・ミスの発生を抑えるためにも、常日頃から円滑なコミュニケーションを実現するチームの育成とマネジメントが必要なのです。

> 参照　第 2 章「プロジェクトマネジメントの原理原則」の「11. スチュワードシップ」
> …p.41
> 第 3 章「7. チーム・パフォーマンス領域」の「メンバーの育成・指導・働きかけ」
> …p.106

■ 品質のチェック

　テスト作業では、当初決めた品質を満たしているか、新システムを利用して業務運用が可能で当初期待していた価値を提供できるかを確認します。テストで問題が判明した場合、対応方法の検討を行います。設計と異なる動作をするシステムのバグであれば、速やかに修正作業をシステム開発会社に依頼します。

　しかし問題はバグだけとは限りません。発注者とシステム開発会社の認識相違が原因の場合もあれば、発注者の要求事項の伝え漏れ、さらにはテストにより実現すべき要件に気付く場合もあります。

　このような場合、どのように対応すればシステム稼働後に業務運用が可能かを、システム利用部門などにも協力してもらい検討します。安易に要求事項に対応できるようシステムの変更や追加を行ってしまうと、さらなるバグの発生につながる可能性もあるので注意が必要です（下記、コラム「変更依頼の注意点」を参照）。

　テスト・移行フェーズでは、新システムのユーザー教育を行います。このユー

ザー教育の内容や進め方で、顧客満足は大きく左右されると言っても過言ではありません。ユーザーの視点に立った理解しやすいユーザー教育を、計画・実施しましょう。

新会計プロジェクトの場合、ユーザー教育はシステム開発会社に依頼するのではなく、経理部の田中さんが中心となって行うことにしました。これはシステム開発会社に依頼するとどうしてもシステムの機能の説明が中心となり、経理部員がどのようにシステムを使って業務を行うかという説明が不足することを危惧した結果です。

またシステムのすべての機能は説明せず、まずは日常業務で最低限必要な機能に絞り、業務ごとに説明を行うことにしました。さらに一方的な説明では十分理解できない可能性が高いので、練習問題を作成し、テスト環境で実際に操作する宿題を出すことにしました。

参 照 第2章「プロジェクトマネジメントの原理原則」の「2. 品質」…p.25
第3章「1. デリバリー・パフォーマンス領域」の「品質の定義」…p.54
第6章「変更への対応」のコラム「立場が違えば主張も違う」…p.171

Column

変更依頼の注意点

テスト・移行フェーズでも、変更要求は発生します。特にシステムの操作性や業務への適合度を確認するユーザーテストでは、細かい要望や初めて聞く業務要件が出てきます。ユーザーとしては、ここで要望を出さないと対応してもらえないと考えるため、実際の必要性や緊急度を考慮せず要望を挙げるのです。

たとえ「この機能がないと業務が回らない」とユーザーが主張したとしても、安易にすべての変更要求に対応することは考えものです。十分に考慮せず対応すると、システムの品質低下や実際は利用しない機能の追加、作業工数の超過などの問題につながる可能性があります。通常業務に大きな支障が出てしまうようであれば変更対応は必須ですが、業務への支障が少ないのであれば、システムが本稼働して少し落ち着いてから対応することも考えるべきです。

その変更対応は本当に必要なのか、必要性は誇張されていないか、どのくらいの頻度で利用するのか、システム稼働当初から必要なのか、といった点を確認した上で、変更要否および変更対応時期を冷静に判断しましょう。

ステークホルダーへの対応

　テスト・移行フェーズのステークホルダー対応は、システム本稼働に向けた最終確認が中心となります。どんなに緻密にプロジェクトを進めても、業務を変更し、利用するシステムが変わると、当初は業務に混乱や問題が発生するものです。これは見直した業務やシステム自体に問題があるとは限らず、業務でシステムを利用する方々の慣れの問題や変化への抵抗が起因する場合もあります。そのような事態が発生しうることを事前にステークホルダーに伝えて、協力を求めることが大切です。また何か気になる点や不安要素があったら、プロジェクト・マネジャーまたはプロジェクトマネジメント・チームに連絡するよう依頼します。

参照　第 2 章「プロジェクトマネジメントの原理原則」の「3. ステークホルダー」…p.28
　　　第 2 章「プロジェクトマネジメントの原理原則」の「11. スチュワードシップ」…p.41
　　　第 3 章「6. ステークホルダー・パフォーマンス領域」の「エンゲージメント」…p.101

リスクへの対応

　システムを移行し本稼働運用をする上で、阻害要因となりうる事項がないかを精査します。阻害要因に気付いたら、リスクとして管理し、速やかに対応要否を検討して、その結果により対応を行います。

　テスト・移行フェーズでは、システムが本稼働できない場合のコンティンジェンシープラン（予想外の事態に備えた、代替案などの対応策）を検討します。例えば、データ移行作業に問題が発生して新システムへの切り替えができない場合、暫定的に業務はどのように遂行すればよいのか、そのために必要な作業は何か、などについて検討しておきます。

参照　第 2 章「プロジェクトマネジメントの原理原則」の「8. リスク」…p.36
　　　第 3 章「5. 測定・パフォーマンス領域」の「例外計画の検討」…p.98
　　　第 3 章「8. 不確かさ・パフォーマンス領域」の「リスクの特定」…p.114
　　　第 3 章「8. 不確かさ・パフォーマンス領域」の「リスクの定性的分析」…p.114
　　　第 3 章「8. 不確かさ・パフォーマンス領域」の「リスク対応の計画」…p.115
　　　第 3 章「8. 不確かさ・パフォーマンス領域」の「リスク対応策の実行」…p.116

変更への対応

前述の「品質のチェック」でも述べた通り、テストの結果から機能変更の必要性に気付くことは、残念ながら少なくありません。ときにはプロジェクト計画書のコストやスケジュールに大幅な変更が必要となる場合もあります。本稼働を前にして、システム稼働日の延期を余儀なくされたときのプロジェクト・マネジャーの心労は計り知れません。

しかし、プロジェクト・マネジャーには落ち込んでいる時間はありません。プロジェクトを成功に導くまで、前を向き、プロジェクトという車のハンドルをしっかり握り、プロジェクトの運転をしなければならないのです。

プロジェクトの制約条件を考慮し、プロジェクトの目的・目標・価値を実現するには、何が最適なのかスポンサーやステアリング・コミッティ、プロジェクトマネジメント・チームと相談し、対応方針を策定しなければなりません。

その上で、必要な変更の申請を行い、変更要求が変更管理委員会で審議・承認された場合、プロジェクト計画書に修正・反映し、その対応を着実に進めていくことが求められます。

参照 第2章「プロジェクトマネジメントの原理原則」の「12. 適応力と回復力」…p.42

第3章「3. 計画・パフォーマンス領域」の「変更への対応」…p.82

第3章「4. プロジェクト作業・パフォーマンス領域」の「制約条件のマネジメント」…p.86

第3章「4. プロジェクト作業・パフォーマンス領域」の「変更のマネジメント」…p.89

図7.2　プロジェクトの計画に変更が出ても冷静に

7　4　テスト・移行フェーズの作業手順（3）： テスト終了後の対応

▌ テスト作業の承認と移行判定

　　システム移行作業の実施前に、スポンサーやステアリング・コミッティを含めたステークホルダーを集め、業務およびシステムの移行を予定通り行うか否か判定します（移行判定会議）。

　　移行判定会議では、テストの結果を説明し、どれだけテストが完了したのか、解決していない問題はどのくらいあるのか、システムの移行によりどのようなリスクがあるのかを明確に伝えた上で、前フェーズで定めた移行可否の判定基準を満たしているか否かを報告します。そして予定通りに移行を実施してよいか最終判断を仰ぎます。

　参照　第 3 章「6. ステークホルダー・パフォーマンス領域」の「エンゲージメント」
　　　　…p.101
　　　　第 6 章「次フェーズ開始の準備」…p.173

▌ 次フェーズ開始の準備

　　テスト・移行フェーズの課題の積み残しを確認するとともに、移行作業完了後に運用・保守フェーズの作業に入れるよう事前に各種準備を進めます。

　　運用・保守フェーズでは、新システム本稼働後に発生したバグに円滑かつ適切に対応する必要があります。コミュニケーション・ミスにより問題を拡大させることのないよう、バグ発生時の連絡方法や対応判定手順などについて再確認します。またプロジェクトの状況報告や意見収集を、どのくらいの頻度で、どのような形態で行うかも再検討します。

　　運用・保守フェーズの体制や要員計画を再確認し、必要に応じて見直します。システムが安定稼働するに伴い、プロジェクト・チーム・メンバーは減らして定常業務を担う運用保守チームのメンバーに作業を移管します。またシステム開発会社など外部からメンバーを調達している場合、メンバーのリリース予定を確認の上、要員リリースの手続きを行います。

　参照　第 3 章「3. 計画・パフォーマンス領域」の「コミュニケーションの計画」…p.82
　　　　第 3 章「4. プロジェクト作業・パフォーマンス領域」の「コミュニケーションの
　　　　マネジメント」…p.89
　　　　第 3 章「4. プロジェクト作業・パフォーマンス領域」の「人的資源のマネジメ

7 5 テスト・移行フェーズの作業手順（4）：移行の実施

　移行判定会議で業務およびシステムの移行承認が下りたら、移行に向けての最終調整に入ります。移行作業は正確さと時間が特に重要です。それまでに作成した移行の計画をもとに、着実に作業を進めます。

Column

テスト・移行フェーズで発生しやすい問題　ーケアレスミスと判断の欠如ー

　このフェーズでは、システム本稼働の時期が迫ってきており、プロジェクト・チーム全体が慌てている場合が多いため、確認ミスや情報伝達ミスが発生しがちです。これらのミスは、数秒または数分のわずかな時間を惜しまなければ減らせます。まずはプロジェクトマネジメント・チーム内でのケアレスミスを防ぎましょう。

　また移行判定会議でテストの作業報告をするとき、テストが十分に行えていない、テストの結果が芳しくない、バグや問題発生が収束していないといった場合は、プロジェクト・マネジャーとしては、思い切って移行を遅らせることを提言すべきです。プロジェクト・マネジャーとして状況判断を行わず、安易にスケジュール通りの移行を優先したことにより、品質の低いシステムを稼働させ、業務に大きな支障を出しては元も子もありません。最終的な判断はスポンサーに委ねるとしても、プロジェクトの状況を最も把握しているのはプロジェクト・マネジャーなのですから、冷静かつ適切な提言をスポンサーに行う必要があります。

PMBOK を利用した
プロジェクトマネジメント実践
運用・保守フェーズ

　この章では、システム導入プロジェクトでのシステム本稼働後、プロジェクト
が完了するまでのユーザーサポート、問題対応、保守対応、定常業務への移管な
どを行う運用・保守フェーズの作業において、PMBOK7 の 12 のプロジェク
トマネジメントの原理原則と 8 つのプロジェクト・パフォーマンス領域のどれ
を利用するか、筆者の理解に基づき説明します。PMBOK7 には、システム導入
プロジェクトの運用・保守フェーズの具体的な進め方に関する記述はありません。
しかし、参考になる記述は多くあるので、それらを参照しながら、運用・保守フェー
ズで行うべきプロジェクトマネジメントの概要を理解しましょう。

運用・保守フェーズの準備

問題を早期に把握し対応する

　システムの移行が完了しシステムを本稼働できたとしても、必ず問題は発生します。どんなにテストをしてもバグは出るものです。プロジェクト・マネジャーとして重要なのは、問題が発見されたときに慌てず騒がず、まずは暫定対応の指示を行い、その後に対策を考え、再発防止に向けた本格的な対応を進めることです。

　問題発生により新たな業務やシステムについて不満を持つユーザーはいますが、プロジェクトマネジメント・チームやメンバーが迅速な対応をすれば不満は軽減でき、さらには安心感をもたらすこともできます。品質が求める顧客満足は、このフェーズでの対応により決まると言っても過言ではありません。プロジェクトが当初計画していた価値を提供し、プロジェクトの目的や目標を達成できるよう、最後の頑張りどころです。

	計画フェーズ	要件定義フェーズ	設計・開発フェーズ	テスト・移行フェーズ	運用・保守フェーズ
作業概要	プロジェクトの目的、目標、価値、成果物の関連性を明確にし、成果物作成に必要な作業や要員、予算などの計画を作成する	プロジェクトの目的に沿い、目標とする事業価値が得られるよう、業務改善点および改善方法を具体化し、成果物であるシステムに求める要求事項を洗い出し整理する	システム導入プロジェクトの外部設計および内部設計、開発、単体テストなどを行う	システム導入プロジェクトのシステムテスト、運用テスト、移行作業などを行う	システム導入プロジェクトでのシステム本稼働後、プロジェクトが完了するまでのユーザーサポート、問題対応、保守対応、定常業務への移管などを行う

図 8.1　新会計プロジェクトの運用・保守フェーズ

参照　第 2 章「プロジェクトマネジメントの原理原則」の「1. 価値」…p.24
第 2 章「プロジェクトマネジメントの原理原則」の「2. 品質」…p.25
第 2 章「プロジェクトマネジメントの原理原則」の「11. スチュワードシップ」…p.41

8 2 運用・保守フェーズの作業手順（1）： 運用・保守作業の開始

プロジェクト状況の説明

　業務およびシステムの移行作業が終わりシステム本稼働を開始する前後に、プロジェクト・チーム・メンバー全員を集め、これまでの協力を感謝した上で、システムが安定稼働するまで気を抜くことなく継続して協力してほしいと伝えます。また各種問題の発生時に、安易な行動は逆に問題を大きくすることになるので控え、至急プロジェクトマネジメント・チームに連絡するように伝えます。

> **参照** 第3章「1. デリバリー・パフォーマンス領域」の「品質の定義」…p.54
> 第3章「4. プロジェクト作業・パフォーマンス領域」の「コミュニケーションのマネジメント」…p.89

8 3 運用・保守フェーズの作業手順（2）： 運用・保守作業の推進と移管

安定運用に向けた作業の指示と監視

　新業務およびシステムのユーザーサポートや運用作業、およびタイミングを見計らい、残作業の対応を指示します。また問合せ件数の推移を把握して、新業務およびシステムの定着化度を確認します。

　しかし優先度が一番高いのは、業務およびシステムの安定運用に向けた、業務の障害やシステムのバグなどの問題への対応です。問題が発生したら即座に状況を把握し、暫定対応を行いましょう。その後対策を考え、同様の問題が発生しないよう本格的な対応に取り組みます。

　障害などの発生および対応状況は、システム利用部門やプロジェクト・チーム・メンバーなどのステークホルダーに適宜共有するとともに、影響が大きい内容についてはスポンサーなどにも報告します。

> **参照** 第3章「4. プロジェクト作業・パフォーマンス領域」の「プロジェクト作業のマネジメント」…p.85
> 第3章「4. プロジェクト作業・パフォーマンス領域」の「コミュニケーションのマネジメント」…p.89

第3章「5. 測定・パフォーマンス領域」の「評価指標の選定と測定」…p.92
第3章「5. 測定・パフォーマンス領域」の「情報の提示」…p.96

図8.2 メンバーから報告を受けたらプロジェクト・マネジャーはすぐに行動すべき

メンバーの後方支援および調整

　運用開始後は、実際に新システムを利用して業務を行うユーザーと、プロジェクト・チーム・メンバーが直接話をする機会も増えます。ユーザーはシステムの専門家ではありません。また、次のコラム「新システム稼働後のユーザー対応」に記述しているように、メンバーと同様に新システムを前向きに捉えているユーザーばかりではありません。なぜ業務やシステムを変更したのかと厳しく問い合わせてくるユーザーもいます。そのようなときは、その場で反論などはせず、まずユーザーが考える問題点と要望事項をしっかり聞くようにメンバーに指示し、それでも納得しないようであればプロジェクトマネジメント・チームに引き継ぐよう伝えます。

　またプロジェクトマネジメント・チームは、メンバーがユーザーからのクレームによりやる気をなくさないように、心のケアを行う必要があります。プロジェクトは、発足した組織が考える目的や目標、価値を実現するために実施する活動であり、すべてのステークホルダーから求められているとは限

りません。ある程度のクレームは仕方ないと割り切ることが必要です。

参照 第2章「プロジェクトマネジメントの原理原則」の「1. 価値」…p.24

第2章「プロジェクトマネジメントの原理原則」の「2. 品質」…p.25

第2章「プロジェクトマネジメントの原理原則」の「3. ステークホルダー」…p.28

第2章「プロジェクトマネジメントの原理原則」の「4. 変革」…p.30

第2章「プロジェクトマネジメントの原理原則」の「11. スチュワードシップ」
…p.41

第2章「プロジェクトマネジメントの原理原則」の「12. 適応力と回復力」…p.42

第3章「7. チーム・パフォーマンス領域」の「メンバーの育成・指導・働きかけ」
…p.106

Column

新システム稼働後のユーザー対応

　新システム稼働直後は、ユーザーからのクレームが多いものです。いくら要求通り構築したとしても、「要望した通りに利用できない」と文句を言う人はいます。また、「こんなシステムは使えない」と言いふらす人もいます。しかし、それらすべてが事実とは限りません。変化を好まない人は少なくありません。新しいシステムに慣れていないと、新しいものに対する無意識の拒絶から、否定的な発言をしてしまうのです。

　ユーザーからのクレームをすべて真に受けて落ち込む必要はありません。プロジェクト・マネジャーは、ユーザーの反応に一喜一憂するのではなく、バグが収束しているのか、ユーザーからのクレームに対してきちんと対応できているかなどを確認し、作業管理を確実に行いましょう。

　あまりにも現実と異なる悪評を流すユーザーがいる場合、そのユーザーと話す時間をとり、ユーザーが考える新システムの問題点や要望を聞きます。たとえそれが見当違いであったとしても、最後まで話を聞くことが大切です。そして貴重な意見を言ってくれたことに感謝し、できる範囲内で順次対応を考えると伝えます。決して相手を否定したり、感情的に反論したりしてはいけません。

品質のチェック

　新しい業務およびシステムに慣れてくることにより、ユーザーからの問い合わせは減り、また問題発生の頻度も落ち着いてくるはずです。問い合わせや問題発生の件数が、当初決めた品質を満たしているか、定期的に確認します。

> 参照　第 2 章「プロジェクトマネジメントの原理原則」の「2. 品質」…p.25
> 　　　第 3 章「1. デリバリー・パフォーマンス領域」の「品質の定義」…p.54
> 　　　第 3 章「5. 測定・パフォーマンス領域」の「評価指標の選定と測定」…p.92
> 　　　第 3 章「5. 測定・パフォーマンス領域」の「情報の提示」…p.96

ステークホルダーへの対応

　新しい業務およびシステムの稼働状況を、定期的にスポンサーやステアリング・コミッティに報告します。プロジェクトマネジメント・チームが考える以上にステークホルダーはプロジェクトの成否を気にしている場合が多く、連絡を怠るとプロジェクト全体に対するマイナスイメージを持たれてしまいます。相手から聞かれる前に伝えることが重要です。

> 参照　第 2 章「プロジェクトマネジメントの原理原則」の「3. ステークホルダー」…p.28
> 　　　第 2 章「プロジェクトマネジメントの原理原則」の「11. スチュワードシップ」
> 　　　…p.41
> 　　　第 3 章「6. ステークホルダー・パフォーマンス領域」の「エンゲージメント」
> 　　　…p.101

メンバーのリリースおよびチームの引き継ぎと解散

　システム本稼働から一定期間が経ち、安定運用の目途が立ったら、プロジェクト体制から定常業務体制にシフトします。またプロジェクト・チーム解散に向け、人員などのリリース準備を本格化させます。

> 参照　第 3 章「3. 計画・パフォーマンス領域」の「人的資源の計画」…p.81

契約状況の確認と完了

　パッケージシステムの導入や要員調達で契約しているシステム開発会社と定期的にコミュニケーションをとり、契約通り導入が完了したか、運用作業を行っているか、双方に認識違いがないかなどを確認します。

　またシステム開発会社からの納品物を確認し検収します。検収したら、契

約終了に向けて契約金額の支払いなどを組織内の担当部門に依頼します。

　新会計プロジェクトの場合、ソフトウェアの調達および導入作業を委託したシステム開発会社から、契約で定めた成果物を納品してもらいました。内容および品質に問題がなかったので、検収書を発行しました。

> **参 照**　第3章「4. プロジェクト作業・パフォーマンス領域」の「調達の実行とマネジメント」…p.87
> 　　　　　第3章「4. プロジェクト作業・パフォーマンス領域」の「プロジェクトの終結」…p.90

リスクのマネジメント

　新業務およびシステムの運用中に、将来的に運用の阻害要因となりうる事項を認識したら、リスクとして管理します。そのリスクの影響度および影響範囲を算定し、その影響度や緊急度をもとに対応の優先順位を決め、優先順位の高いリスクから対応策を検討・対応します。

　また残存しているリスクを再評価し、すでにリスクではない事項を終了扱いにします。

> **参 照**　第2章「プロジェクトマネジメントの原理原則」の「8. リスク」…p.36
> 　　　　　第3章「8. 不確かさ・パフォーマンス領域」の「リスクの特定」…p.114
> 　　　　　第3章「8. 不確かさ・パフォーマンス領域」の「リスクの定性的分析」…p.114
> 　　　　　第3章「8. 不確かさ・パフォーマンス領域」の「リスクの定量的分析」…p.115
> 　　　　　第3章「8. 不確かさ・パフォーマンス領域」の「リスク対応の計画」…p.115
> 　　　　　第3章「8. 不確かさ・パフォーマンス領域」の「リスク対応策の実行」…p.116
> 　　　　　第3章「8. 不確かさ・パフォーマンス領域」の「リスクの監視」…p.117

変更対応

　システムの本番運用が開始してから、要件の漏れや業務運用上の不都合などがわかり、機能追加・変更を行うことは少なくありません。成果物の変更箇所および、コストやスケジュールに及ぼす影響を調査の上、変更要求を変更管理委員会に提出します。変更管理委員会で承認された場合、成果物への変更を指示するとともに、プロジェクト計画書への修正・反映を行います。

　ただし、本番運用開始直後の変更要否判断は慎重に行う必要があります。本当に機能が足りなくて業務に支障があるようなら早急に対応しなければなりませんが、本章のコラム「新システム稼働後のユーザー対応」のように、ユー

ザーが操作に慣れていない、機能を覚えていない、以前のやり方で仕事を進めており新システムを前提に定義したやり方で行っていない、などの理由から要望を挙げている場合もあるからです。また、多少の手間がかかっているにせよ業務ができているのなら、急いで対応することよりも、まずは安定運用の実現を優先させましょう。

変更が必要と判断された場合は、緊急性の高いものや業務改善効果が大きいものから対応します。修正したプログラムは、いきなり本番環境へ移すのではなく、検証環境で稼働確認をしてからタイミングを見て本番環境に移さなければなりません。特に大きな変更の場合は、事前にユーザー教育を実施するなどの配慮も必要です。

要件定義書に記述されていない機能追加や要件定義書記述と相違する機能変更の要望は、プロジェクトのスコープ外であれば、追加予算を組み、有償でシステム開発会社に追加対応を依頼する必要があります。スコープ外なのかスコープ内なのか曖昧な要望の場合は、両社間で有償なのか無償なのか確認・調整が必要になります。ここで揉めないためにも、スコープだけでなく、スコープ外となる範囲も明確にプロジェクト計画書に記述すべきなのです。

参照　第 2 章「プロジェクトマネジメントの原理原則」の「12. 適応力と回復力」…p.42
第 3 章「1. デリバリー・パフォーマンス領域」のコラム「スコープの定義で失敗しないためには」…p.53
第 3 章「3. 計画・パフォーマンス領域」の「変更への対応」…p.82
第 3 章「4. プロジェクト作業・パフォーマンス領域」の「制約条件のマネジメント」…p.86
第 3 章「4. プロジェクト作業・パフォーマンス領域」の「変更のマネジメント」…p.89

8 4　運用・保守フェーズの作業手順（3）： プロジェクトの終了

終了報告

プロジェクトが期待していた価値を提供し、目標を達成したらプロジェクトを終結させます。プロジェクト実施報告書をまとめ、スポンサーやステアリング・コミッティなどの主要なステークホルダーに報告します。

新会計プロジェクトの場合、ユーザーの利用状況および業務改善効果に関

する調査を行い、プロジェクト実施報告書としてまとめ、スポンサーである
経理部長兼取締役に報告しました。

参照 第2章「プロジェクトマネジメントの原理原則」の「1. 価値」…p.24
第2章「プロジェクトマネジメントの原理原則」の「3. ステークホルダー」…p.28
第3章「4. プロジェクト作業・パフォーマンス領域」の「プロジェクトの終結」
…p.90

▌プロジェクトの振り返り

プロジェクトを解散する前に、必ずプロジェクトの振り返りを行いましょ
う。まずプロジェクト・マネジャーとしてメンバーの協力に感謝の意を表し
ます。次にスポンサーやステアリング・コミッティ、主要なステークホルダー
からのプロジェクトに対する評価を伝えます。その上で、プロジェクトで成
功した点や失敗した点をメンバーに挙げてもらい議論します。

プロジェクトの振り返りの目的は、問題点を認識した上でどうすればよかっ
たかを考え、次のプロジェクトに活かすことです。プロジェクトの振り返り
で出た意見などは文書にまとめ、今後の教訓として保存します。

参照 第3章「4. プロジェクト作業・パフォーマンス領域」の「プロジェクト期間を
通じた学習」…p.89
第3章「7. チーム・パフォーマンス領域」の「メンバーの育成・指導・働きかけ」
…p.106

図 8.3　プロジェクトの成功

プロジェクトの振り返りの目的

　プロジェクトの振り返りを行う際、失敗した点や問題点は、プロジェクト・チームによってはメンバーの利害関係などもあり、なかなか言いにくいかもしれません。そのような場合は、プロジェクト・マネジャー自身が率先して自分の悪かった点を素直に反省することから始めましょう。そうするとほかのメンバーも話をしやすくなります。

　メンバーから出たプロジェクト・マネジャーへの意見の中には、反論したくなる内容もあるかもしれません。しかし反論はせず、皆の考えや気持ちを聞くことに徹しましょう。また、なぜそれをプロジェクト実施中に言ってくれなかったのかと問い詰めるのではなく、どのような態度が意見を出しにくい雰囲気を作ってしまったのかを聞くことが、プロジェクト・マネジャーとしての成長につながります。

　プロジェクトの振り返り後に打ち上げを行い、メンバーを労うことがプロジェクト・マネジャーとしての最後の仕事です。案外、プロジェクトの振り返りでは聞けなかったメンバーの本音が聞けるかもしれないので、実施することを筆者はおすすめします。

プロジェクト失敗の
原因を探せ

　この章には、第2章から第8章で説明したPMBOKによるプロジェクトマ
ネジメントを理解できたかを確認する、小テストを設けました。

　設問は事例ごとに1～2問あります。各事例プロジェクトの背景、状況を確
認した上で、プロジェクト・マネジャーやプロジェクトマネジメント・チームと
しての理解・対応が適切と思う解答を選択してください。設問の次ページ以降に、
解答と解説を記述しています。

プロジェクト失敗事例Ⅰ－国内旅行プロジェクト

■ 背景

　　高橋さんは、今年の秋に学生時代の友人3人と2泊3日で国内旅行をしながら、ゆっくり話をしようということになった。秋の紅葉や温泉、美味しい海産物も堪能しようと話が盛り上がった。旅行先は、「皆の要望を満たすような場所に以前家族と旅行したことがあるよ！」という高橋さんの一言により決定した。友人3人は、その場所を訪問したことがなかったため、高橋さんが計画・推進を担うプロジェクト・マネジャーとなる、国内旅行プロジェクトの発足が決まった（スポンサーは、高橋さんと友人を含む4名）。

■ プロジェクトの状況

　　友人たちに旅行を思い切り楽しんでもらえるよう、高橋さんは現地のグルメ情報や観光地のガイド情報をもとに、旅程の案を練った。同地旅行の経験を活かし、グルメサイトの評価は高いが長時間待たされたお店は外した。市街地からは少し離れておりレンタカーでしか行けないが、感動的な紅葉が楽しめた場所は外せないと思い、計画に入れた。つい訪問先も多くなったが、高橋さんとしては皆を満足させる自信があった。

- 1日目：朝一番の新幹線で出発。市内の観光地巡りと市場での海産物食べ歩きを行い、夕飯はグルメサイトでの評判は高くないが高橋さんが訪問したことのある穴場の料理屋で食事し、市内のビジネスホテルに宿泊
- 2日目：レンタカーで観光地巡りをした後、温泉宿に宿泊
- 3日目：レンタカーで紅葉ポイントを訪問後、市内に戻り、夕飯はグルメサイトで評判が高く、皆が行きたいと言っていたレストランで食事し、終電近くの新幹線で戻り

　　友人との国内旅行の1日目は、久しぶりに会いゆっくり話ができ、楽しい時間を過ごせた。市場での海産物が美味しくて食べすぎたために、夕飯の高橋さんおすすめの料理屋では、お酒と会話が中心になってしまったが、皆が楽しそうにしていたので、高橋さんも楽しい1日であった。

　　一方、2日目は疲れからホテル出発が予定よりかなり遅れ、計画していた観光地のいくつかを訪問できなかった。高橋さんは友人に準備を急ぐよう伝

えたが、寝不足で二日酔いだからもう少し寝かせてと、怒った声で言い返された。高橋さんは、ムッとしたが我慢し、少しでも計画通りに観光できるよう、観光地での滞在時間を短縮するなど、可能な調整を行った。その後もイライラはしていたが、宿で温泉につかったら、気分が晴れた。

　最終日の3日目も友人が寝坊し出発が遅れた。楽しみにしていた紅葉は、少し時期が早く、高橋さんとしては以前訪問したときほどの感動はなかったが、友人3人は十分堪能しているようだった。ただし、市内に戻る道が渋滞し、皆が楽しみにしていたレストランの夕食時間に間に合わず、料理をテイクアウトにしてもらい、帰りの新幹線で食べることにした。

　高橋さんは、計画通りに観光などができなかったので、国内旅行プロジェクトは失敗だったと落ち込み、帰りの新幹線で下を向いていた。皆が楽しみにしていたレストランでの食事は、1日目に予定していればお店でワインを飲みながら堪能できたかもしれない、渋滞を予想してもっと早めに温泉宿を出ればよかったのかもしれないなどと、あれこれ後悔していた。

　しかし友人3人は、「疲れたけれど楽しかったね。国内旅行プロジェクトは大成功だね！　高橋さん、ありがとう。」と笑い、高橋さんの頑張りに感謝した。高橋さんは、「エッ、なんで？」と思いつつも、涙がこぼれてきた。

設問

Q1）プロジェクトの成否が、高橋さんと友人で違った理由はなぜか？

　①プロジェクトは失敗だったが、友人が高橋さんに気をつかったから

　②プロジェクトは失敗だったが、主な原因は自分たちにあると友人が考えたから

　③旅行中にゆっくり話ができたから、プロジェクトは成功だったと友人3人が考えたから

　④友人3人は観光やレストランでの食事を重視しておらず、プロジェクト失敗の理由にはならないと考えていたから

Q2）プロジェクト・マネジャーとして、高橋さんがすべきだったことは何か？

　①2日目の朝、友人をたたき起こし、予定通り観光すべきだった

　②紅葉の状態を事前確認し、旅程の見直しをすべきだった

　③天候など不確かさが多いプロジェクトなので、それを踏まえた計画・推進にすべきだった

　④食事の計画は友人に分担すべきだった

設問の解説

Q1）プロジェクトの成否が、高橋さんと友人で違った理由はなぜか？

**選択肢①　プロジェクトは失敗だったが、友人が高橋さんに気をつかったか
　　　　　ら：×**

　高橋さんに声をかけたことは気をつかったのかもしれませんが、友人 3 人
が帰りの新幹線で、「疲れたけれど楽しかったね」と笑顔で言ったのなら、そ
れは本心であり、プロジェクトは成功だと考えていたのではないでしょうか。

**選択肢②　プロジェクトは失敗だったが、主な原因は自分たちにあると友人
　　　　　が考えたから：×**

　友人 3 人が帰りの新幹線で、「疲れたけれど楽しかったね」と笑顔で言い、「高
橋さん、ありがとう」と感謝しているのであれば、プロジェクトは成功だと
友人 3 人は考えているのではないでしょうか。もし自分たちが寝坊したこと
でプロジェクトが失敗したと考えたのなら、感謝の言葉ではなく、寝坊した
ことへの謝罪の言葉があると考えます。

**選択肢③　旅行中にゆっくり話ができたから、プロジェクトは成功だったと
　　　　　友人 3 人が考えたから：○**

　国内旅行プロジェクトの目的は、計画通りに観光し、レストランで食事を
して、時間通りに移動することでしょうか？　「旅行してゆっくり話をする」
ことがプロジェクトの目的であり、それにより得られる喜びや満足感という
価値を得たいために、時間と旅行代金という投資を行う、国内旅行プロジェ
クトを発足したと考えます。目標は、「観光や温泉、食事という体験をしなが
ら感じたことを話す」ことではないでしょうか。

　高橋さんも最初は同じ考えでしたが、旅先で自分が以前体験した感動を共
有したいという思いが強くなりすぎて観光地を増やし、時間に余裕がない計
画になってしまった可能性があります。つまり、高橋さんがプロジェクトの
目的や目標、提供する価値を見失ってしまったのです。

　参照　第 1 章「プロジェクトの成功・失敗」…p.9
　　　　第 2 章「プロジェクトマネジメントの原理原則」の「1. 価値」…p.24
　　　　第 2 章「プロジェクトマネジメントの原理原則」の「2. 品質」…p.25

選択肢④　友人３人は観光やレストランでの食事を重視しておらず、プロジェクト失敗の理由にはならないと考えていたから：○

　国内旅行プロジェクトが発足した理由は、「旅行してゆっくり話をする」ことであり、秋の紅葉などの観光はプロジェクト・スコープではあるけれど、高橋さんが計画したすべての観光地を巡ることは制約条件ではありません。３日目夕食のレストランは皆の希望ならプロジェクト・スコープかつ制約条件ではありますが、スポンサー（高橋さんと友人３人）が合意の上でテイクアウトに変更したのなら、プロジェクト失敗にはなりません。

　しかし、もしプロジェクトの目的が計画通りに観光地を巡ることであれば、たとえプロジェクト・マネジャーがコントロールできない、寝坊や天候、渋滞などが原因であっても、プロジェクトは失敗であり、その責任はプロジェクト・マネジャーにあります。

> 参照　第３章「1. デリバリー・パフォーマンス領域」の「要求事項の定義」…p.49
> 　　　第３章「4. プロジェクト作業・パフォーマンス領域」の「制約条件のマネジメント」…p.86
> 　　　第３章「4. プロジェクト作業・パフォーマンス領域」の「変更のマネジメント」…p.89

Q2）プロジェクト・マネジャーとして、高橋さんがすべきだったことは何か？

選択肢①　２日目の朝、友人をたたき起こし、予定通り観光すべきだった：×

　高橋さんが友人に指示命令をできる立場であれば、たたき起こす権利もあるかもしれませんが、友人３人もスポンサーなので強制はできません。

選択肢②　紅葉の状態を事前確認し、旅程の見直しをすべきだった：△

　紅葉を見ることがプロジェクトの目的であれば、旅行日程の再考も必要かもしれませんが、そうでないならその必要性は低いと考えます。プロジェクト・マネジャーとして高橋さんにできたことは、紅葉の状態を事前に確認しそのリスクを友人に伝えて日程などの変更要否を確認することです。

> 参照　第２章「プロジェクトマネジメントの原理原則」の「7. 複雑さ」…p.35
> 　　　第２章「プロジェクトマネジメントの原理原則」の「8. リスク」…p.36
> 　　　第３章「8. 不確かさ・パフォーマンス領域」の「リスクの特定」…p.114
> 　　　第３章「8. 不確かさ・パフォーマンス領域」の「リスク対応の計画」…p.115

選択肢③　天候など不確かさが多いプロジェクトなので、それを踏まえた計画・推進にすべきだった：○

　紅葉などの観光は天候に左右されるリスクが高く、またレンタカーで移動する場合は渋滞などのリスクも想定できるため、初日にしたほうが良かったかもしれません。3日目の夕食も、指定のレストランに行くことが目標であれば、新幹線の時間という制約を受けにくい初日に計画するか、初日は温泉宿に泊まり、2日目の夜に予定したほうが良かったかもしれません。またレストランでの食事を楽しめるよう、市場での海産物はほどほどにすべきだったかもしれません。

　または、「旅行してゆっくり話をする」ことがプロジェクトの目的なので、観光地の候補を洗い出して仮の旅程は作成するにせよ、その日の観光地はその日の朝起きてから決めることにしておけば、高橋さんは友人の寝坊にイライラする必要はなかったかもしれません。これは、往復の新幹線と予約が必要な宿およびレンタカーについては予測型アプローチを選択し、観光地巡りについては適応型アプローチを選択するハイブリッド・アプローチで、プロジェクトを計画・推進することに相当します。

> 参照　第2章「プロジェクトマネジメントの原理原則」の「7. 複雑さ」…p.35
> 　　　第2章「プロジェクトマネジメントの原理原則」の「8. リスク」…p.36
> 　　　第3章「2. 開発アプローチとライフサイクル・パフォーマンス領域」の「開発アプローチの選択」…p.61

選択肢④　食事の計画は友人に分担すべきだった：○

　プロジェクト・マネジャーである高橋さんが、すべての作業を担うのではなく、例えば食事の計画は友人に任せたほうが、友人もリーダーシップを発揮する意識が芽生えたかもしれません。プロジェクト・マネジャーの役割は、プロジェクトを成功させることであり、すべての計画・推進作業を担うことではありません。チームを分けて役割分担を与えたほうが、プロジェクト全体としては成功に近づくことは少なくありません。友人3人はプロジェクトが提供する価値を享受するステークホルダーではありますが、プロジェクト・チーム・メンバーとして一部役割を担ってもらってもよいと考えます。

> 参照　第2章「プロジェクトマネジメントの原理原則」の「5. チーム」…p.32
> 　　　第2章「プロジェクトマネジメントの原理原則」の「6. リーダーシップ」…p.33

プロジェクト失敗事例Ⅱ – DX サービス構築プロジェクト

背景

　A 社は今年創業 30 周年を迎えるシステム開発会社である。これまで IT エンジニアの人材派遣や大手 SI 企業の下請け開発を中心に事業を行い、お客様要望に極力応える姿勢が評価され、着実に成長してきた。またお客様要望に沿ってさまざまな案件に挑戦することにより、技術スキルだけでなく予測型アプローチ（ウォーターフォール型）のプロジェクトマネジメント能力も蓄積してきた。さらに昨年は、大手 SI 企業から適応型アプローチ（アジャイル型）を採用するプロジェクトの支援要請もあり、2 案件に計 5 名の社員が参加し、アジャイル型でのソフトウェア開発に関する知見も増えつつあった。

　一方、A 社は社員の高齢化、営業利益率の低下という問題を抱え、経営者は人材派遣と下請け開発を中心とした事業からの脱却を考えていた。そこで、社内に蓄積した知見を活用し、企業の DX 推進に貢献できる A 社独自のソフトウェアを構築して、有償サービスとして企業に提供する事業に育てる、DX サービス構築プロジェクトを発足することになった。会社の命運をかけるプロジェクトのため、A 社創業メンバーでもある開発サービス部門の部長を兼任する近藤取締役がプロジェクト・マネジャーとなり、昨年アジャイル型のソフトウェア開発経験をした中堅 IT エンジニア 2 名と、ウォーターフォール型しか経験のない若手 IT エンジニア 2 名の計 5 名の体制でプロジェクトを推進することになった。

プロジェクトの状況

　構築する DX サービスの構想は、近藤取締役の発案であり、まだ他社が提供していないサービスであった。またソフトウェアに求める詳細な機能は、この DX サービスの利用に興味を持つ B 社に協力を求め、要求事項や要望を出してもらうことにした。ソフトウェア開発のアプローチは、要件をソフトウェアに取り込みやすいアジャイル型を選択した。

　優先度の高い機能から開発を進め、2 週間ごとに開発した機能を B 社の担当者に見せて、要求事項や要望に合っているか、改善点はないかを確認した。その指摘を受けて、近藤取締役を含めた要件選定会議にて、次の 2 週間で改善すべき点や開発すべき機能の選定を行った。開発から 3 ヶ月で中間報告を行い、6 ヶ月でサービス開発を終えて最終報告を行い、翌月から B 社に有償

でDXサービスを提供する計画であった。

　最初の3ヶ月は、アジャイル型のソフトウェア開発経験をしたITエンジニア2名の知見が活かされ、作業は順調に進んだ。当初想定していた主要機能の構築が進み、B社担当者の意見に沿い操作性の改善も行った。

　しかし、その後機能は増えるものの、有償DXサービスとして企業に提供するまでには至らなかった。その理由は、B社にいろいろな人から要望をもらえるよう依頼したところ、多くのアイデアを出してもらえたので要件が増えてしまったためである。近藤取締役に相談したところ、お客様要望に応えられなければ有償サービスにはならないと回答があったので、ソフトウェア開発を続けざるを得なかった。また2週間に一度の要件選定会議に積極的に参加していた近藤取締役が、最近は欠席することが増えていた。

　開発から5ヶ月目を迎えたある日、「このプロジェクト、いつになったら終わるのですか？」と、若手ITエンジニアが発した一言に、他のITエンジニアは誰も返答できなかった。

設問

Q1）DXサービス構築プロジェクトの問題点は何か？

　　①近藤取締役の要件選定会議への欠席が増えたこと

　　②若手ITエンジニアがプロジェクトの終わりを理解していないこと

　　③お客様要望に応えられなければ有償サービスにはならないと近藤取締役が考えていること

　　④アジャイル型のソフトウェア開発プロジェクトの経験がない近藤取締役がプロジェクト・マネジャーを担っていること

設問の解説

Q1）DX サービス構築プロジェクトの問題点は何か？

選択肢① 近藤取締役の要件選定会議への欠席が増えたこと：○

　　近藤取締役は、プロジェクト・マネジャーと、改善すべき点や開発すべき機能の選定の責任を負うプロダクト・オーナーを兼任しているようです。判断を下す責任者がいなければ、要求事項や要望への対応要否や優先順位付けは適切に行えず、ソフトウェア開発を担当する IT エンジニアは際限なく機能を作り続けるしかありません。

> **参照**　第 3 章「1. デリバリー・パフォーマンス領域」の「要求事項の定義」…p.49
> 　　　　第 3 章「2. 開発アプローチとライフサイクル・パフォーマンス領域」の「適応型アプローチ」…p.59
> 　　　　第 3 章「3. 計画・パフォーマンス領域」の「スケジュールの作成（適応型アプローチのアジャイル型採用時）」…p.76

選択肢② 若手 IT エンジニアがプロジェクトの終わりを理解していないこと：○

　　終わりが見えないプロジェクトとは、IT 業界ではデスマーチと呼ばれるプロジェクトのことであり、失敗するプロジェクトの典型例です。際限なくスコープが拡大しているスコープ・クリープが発生しているかもしれません。プロダクト・オーナーが役割を担えていない、または実現すべき機能や要件であるプロダクト・スコープを見誤っていたのかもしれません。この状態は、IT エンジニアにとって精神的にも辛いため、速やかに改善が必要です。

　　もしかしたら、プロジェクト・マネジャーである近藤取締役には終わりが見えており、それがプロジェクト・チーム・メンバーである IT エンジニアに伝わっていないだけかもしれません。その場合は、プロジェクト・マネジャーの責務を果たせていません。メンバーとプロジェクトの状況を共有できるようコミュニケーションをとり、成功させるぞという意識を持たせ続け、効率的に活動できるようサポートするのがプロジェクト・マネジャーやプロジェクトマネジメント・チームの役割です。

> **参照**　第 3 章「1. デリバリー・パフォーマンス領域」の「要求事項の定義」…p.49
> 　　　　第 3 章「4. プロジェクト作業・パフォーマンス領域」の「プロジェクト作業のマネジメント」…p.85
> 　　　　第 3 章「4. プロジェクト作業・パフォーマンス領域」の「コミュニケーションのマネジメント」…p.89
> 　　　　第 3 章「5. 測定・パフォーマンス領域」の「情報の提示」…p.96

第3章「7. チーム・パフォーマンス領域」の「メンバーの育成・指導・働きかけ」
…p.106

選択肢③　お客様要望に応えられなければ有償サービスにはならないと近藤取締役が考えていること：△

「ステークホルダーであるお客様に価値を提供するには、顧客満足が必要であり、そのための要望に対応しなければならない」と、近藤取締役が考えているのであれば、問題はありません。

しかし、「お客様の要望を聞き対応し続ければよい」と、近藤取締役が考えているようであれば、大問題です。IT エンジニアの人材派遣や大手 SI 企業の下請け開発の場合、要望に対応し続けることが求められているのかもしれません。しかし、自社で企画・構築したサービスの場合、B 社担当者の要望を実現したからといって、B 社や他の企業に売れるとは限りません。B 社担当者の要望を聞くことは間違いではありませんが、それをすべて実現すべき要件だと考えることは間違いです。A 社独自の DX サービスを構築するのであれば、どの機能を構築してどの機能の導入を見送るかは、A 社が検討し判断すべきです。

> **参照**　第2章「プロジェクトマネジメントの原理原則」の「1. 価値」…p.24
> 第2章「プロジェクトマネジメントの原理原則」の「2. 品質」…p.25
> 第3章「1. デリバリー・パフォーマンス領域」の「要求事項の定義」…p.49
> 第3章「1. デリバリー・パフォーマンス領域」の「スコープの定義」…p.50
> 第3章「1. デリバリー・パフォーマンス領域」の「品質の定義」…p.54

選択肢④　アジャイル型のソフトウェア開発プロジェクトの経験がない近藤取締役がプロジェクト・マネジャーを担っていること：×

本プロジェクトのプロジェクト・マネジャーは、アジャイル型のプロジェクト経験者のほうがよいとは思いますが、必須ではないと筆者は考えます。問題は、アジャイル型のプロジェクトを、予測型アプローチ（ウォーターフォール型）の考え方に当てはめて進めようとすることです。「郷に入っては郷に従え」。初めてアジャイル型のプロジェクトに関わる場合は、忘れてはいけない言葉です。

プロジェクト失敗事例Ⅲ－新受注システム構築プロジェクト

背景

　電子部品商社であるD社は、外国企業を含む複数のメーカーの製品を取り扱っており、大手企業を中心に着実な取引を行い、業界内で一定の位置づけを維持している。

　D社は15年以上前にお客様向けの注文システムを構築し、主要なお客様からの受注に利用している。この注文システムはWindowsベースのアプリケーションであり、お客様の発注端末にインストールする必要があるが、操作性も良く長年利用していることから、既存のお客様との継続取引に少なからず役立っていた。

　しかし利用にはアプリケーションのインストールが必要なことから、新規お客様への導入が進まないなどの課題があった。

　そこでアプリケーションのインストールが不要であり、新規のお客様にも利用しやすいシステムに刷新することが決まった。また刷新に合わせ、お客様の利便性を考慮した機能を拡充する構想もあり、お客様のニーズを把握している営業部門を中心とした新受注システム構築プロジェクトが発足した。

　新受注システムの構築は、現行受注システムを構築したSIベンダーではなく、技術力の高さが評価されたSIベンダーのE社が担当することになった。

　プロジェクト・マネジャーは、D社営業部長が任命されたが、実質的にはE社コンサルタントが代行することになった。

プロジェクトの状況

　基本的に現行受注システムの刷新であり、また新機能についてもD社営業部門の担当者がお客様のニーズを把握していたため、プロジェクトは計画通りに進行した。開発およびプロジェクト内部でのテストを終え、あとは現行受注システムを利用しているお客様ユーザーへの操作説明と新受注システムへの移行だけとなった。お客様の情報システム部門にもプロジェクト開始当初に新受注システムのことは説明済みであり、お客様のユーザーとも操作説明会の日程や移行の手順について、調整済みであった。

　プロジェクト・マネジャーを代行するE社コンサルタントが、「このプロジェクトは大きなトラブルもなく、大成功できる！」と確信していたある日、問題が勃発した。

　現行受注システムのユーザーであるF社情報システム責任者からD社営業担当に、「注文システムが新システムに刷新されることは聞いているが、移行計画などについて正式に聞いていない。インストールが不要なWebアプリケーションとは聞いているが、弊社のセキュリティ規程もあり勝手に移行を進められては困る。ユーザーに操作説明をするとは聞いているが、利用するシステムを切り替えるには弊社内での確認や調整が必要であり、御社から提示されている予定日ではムリだ！　弊社ユーザーが何を言ったか知らないが、勝手に進められては困る！」とのクレームがあった。お客様を怒らせてしまうと取引縮小の可能性があるので、至急何かしらの対応をとってほしいと、動揺した営業担当者がE社プロジェクト・マネジャー代行のところに駆け込んできた。

　「問題が発生しないプロジェクトなんて、やはりないか」と独り言をつぶやき、さてどうしようかとE社プロジェクト・マネジャー代行はぼんやりと天井を見つめた。

設問

Q1）F社情報システム責任者は、何に不満や問題意識を持っているのか？

　①現行受注システムが、利用できているのに刷新すること

　②新受注システムが、F社セキュリティ規程に抵触する可能性があること

　③新受注システムへの移行が、F社情報システム部門の業務に影響があるかもしれないこと

　④新受注システムへの移行について、正式な説明や依頼がF社情報システム責任者になかったこと

Q2）E社プロジェクト・マネジャー代行は何をすればよいか？

　①D社プロジェクト・マネジャーにクレームがあったことを報告する

　②F社情報システム責任者に連絡をとり、F社に訪問し新受注システムの説明を行う

　③F社との窓口であるD社営業担当に、F社情報システム責任者に謝罪に行くよう依頼する

　④F社ユーザーとの関係は良好なので、何もせず予定通りに説明会と新受注システムへの移行を進める

設問の解説

Q1）F 社情報システム責任者は、何に不満や問題意識を持っているのか？

選択肢①　現行受注システムが、利用できているのに刷新すること：×

　F 社ユーザーが新受注システムへの移行を承諾しているのであれば、システム刷新の賛否に F 社情報システム部門が意見することはないでしょう。

選択肢②　新受注システムが、F 社セキュリティ規程に抵触する可能性があること：○

　E 社とやり取りする情報は現行受注システムと同じかもしれませんが、システムを刷新することによりセキュリティ上のリスクが発生するかもしれません。ユーザー ID やパスワードの管理、通信の暗号化、システムの脆弱性対策などが十分でないシステムは、F 社セキュリティ規程で利用が制限されている可能性があります。情報システム部門が、それらを確認する役割を担っているのであれば、いくらユーザーが機能面で新システムへの移行を承諾したとしても、新システムのセキュリティ面での対策についての説明がない状態では利用にストップをかけることは当然です。

> **参　照**　第 2 章「プロジェクトマネジメントの原理原則」の「3. ステークホルダー」…p.28
> 第 3 章「6. ステークホルダー・パフォーマンス領域」の「特定」…p.100
> 第 3 章「6. ステークホルダー・パフォーマンス領域」の「理解と分析」…p.101

選択肢③　新受注システムへの移行が、F 社情報システム部門の業務に影響があるかもしれないこと：○

　新システムに障害が発生した場合は、F 社情報システム部門の協力なく D 社と E 社で対応できますか？　新システムは PC へのインストールが不要かもしれませんが、現行システムのアンインストールも不要なのですか？

　お客様の PC でシステムを利用していただく場合、多くの場合でお客様情報システム部門の協力は必須です。「お客様情報システム部門への説明や依頼は、お客様ユーザーからしていただく約束になっている」というのは正論かもしれませんが、ユーザーがその重要性を理解し実施したとは限りません。

　新システムの移行直前に情報システム部門へ依頼しても、すぐには対応できないこともあります。ステークホルダーへの説明や協力依頼が着実に実施されるよう、適切なタイミングでコミュニケーションをとる計画が必要です。

> **参　照**　第 2 章「プロジェクトマネジメントの原理原則」の「3. ステークホルダー」…p.28
> 第 3 章「6. ステークホルダー・パフォーマンス領域」の「特定」…p.100
> 第 3 章「6. ステークホルダー・パフォーマンス領域」の「理解と分析」…p.101

選択肢④　新受注システムへの移行について、正式な説明や依頼がF社情報システム責任者になかったこと：○

F社情報システム責任者は、F社ユーザーが会社として利用するシステムについて、管理する役割を担っています。つまりプロジェクトの重要なステークホルダーです。

新システムのことはプロジェクト開始当初に説明済みかもしれませんが、その後の進展について説明が不足していた可能性があります。

> **参照**　第2章「プロジェクトマネジメントの原理原則」の「3. ステークホルダー」…p.28
> 第3章「6. ステークホルダー・パフォーマンス領域」の「理解と分析」…p.101
> 第3章「6. ステークホルダー・パフォーマンス領域」の「エンゲージメント」…p.101

Q2）E社プロジェクト・マネジャー代行は何をすればよいか？

選択肢①　D社プロジェクト・マネジャーにクレームがあったことを報告する：○

ネガティブな情報ほど、速やかにプロジェクト・マネジャーに報告すべきです。クレームへの対応は、初期行動が非常に重要です。まずはプロジェクト・マネジャーと情報共有し、対応を検討しましょう。落ち込んでいても、何も問題は解決しません。気持ちを切り替えて、プロジェクト成功に向けてできること、すべきことに注力するのが、プロジェクトマネジメントです。

> **参照**　第2章「プロジェクトマネジメントの原理原則」の「12. 適応力と回復力」…p.42
> 第3章「4. プロジェクト作業・パフォーマンス領域」の「コミュニケーションのマネジメント」…p.89

選択肢②　F社情報システム責任者に連絡をとり、F社に訪問し新受注システムの説明を行う：○

D社プロジェクト・マネジャーと連携し、F社を訪問して、新システムに関する説明・依頼が遅れてしまったことを謝罪した上で、改めて新システムの説明および協力を依頼します。

相手が怒っているのに、電話やメールだけで対応しようとするのは好ましいとは言えません。F社情報システム責任者から、来社する必要はないという指示がない限り、直接お会いし、謝罪した上で説明を行いましょう。

くれぐれも、「F社ユーザーの方には、情報システム部門の方に説明していただくよう依頼していたのですが」などの言い訳は厳禁です。

> **参照**　第2章「プロジェクトマネジメントの原理原則」の「7. 複雑さ」…p.35

第 2 章「プロジェクトマネジメントの原理原則」の「11. スチュワードシップ」
…p.41

第 3 章「4. プロジェクト作業・パフォーマンス領域」の「コミュニケーションの
マネジメント」…p.89

第 3 章「7. チーム・パフォーマンス領域」の「前提知識」…p.104

**選択肢③　F 社との窓口である D 社営業担当に、F 社情報システム責任者に
　　　　　謝罪に行くよう依頼する：×**

　F 社との窓口は D 社営業担当であり、あなたは D 社にシステム構築を依頼
された E 社の一員に過ぎず、D 社のお客様である F 社とのやり取りまで対応
しきれない、と考えるかもしれません。

　しかし、D 社プロジェクト・マネジャーを代行する役割を担っているので
あれば、プロジェクトを成功させるために解決すべき問題には、主体的に取
り組むべきと筆者は考えます。

> **参照**　第 2 章「プロジェクトマネジメントの原理原則」の「11. スチュワードシップ」
> 　　　…p.41

**選択肢④　F 社ユーザーとの関係は良好なので、何もせず予定通りに説明会
　　　　　と新受注システムへの移行を進める：×**

　重要なステークホルダーのクレームに誠意を持って対応しなければ、プロ
ジェクトが成功することはありません。嫌な仕事かもしれませんが、プロジェ
クト・マネジャー代行を担っているのであれば、問題から逃げてはいけません。

> **参照**　第 2 章「プロジェクトマネジメントの原理原則」の「3. ステークホルダー」…p.28
> 　　　第 2 章「プロジェクトマネジメントの原理原則」の「11. スチュワードシップ」
> 　　　…p.41
> 　　　第 3 章「4. プロジェクト作業・パフォーマンス領域」の「コミュニケーションの
> 　　　マネジメント」…p.89
> 　　　第 3 章「6. ステークホルダー・パフォーマンス領域」の「エンゲージメント」
> 　　　…p.101

索引

る

れ

参考資料

『プロジェクトマネジメント知識体系ガイド（PMBOK® ガイド）第 7 版＋プロジェクトマネジメント標準　日本語版』（プロジェクトマネジメント協会（PMI）、PMI 日本支部 監訳、2021）

『プロジェクトマネジメント知識体系ガイド（PMBOK® ガイド）第 6 版』（Project Management Institute, Inc. 著、2017）

『EQ トレーニング』（髙山 直、日経文庫（日本経済新聞出版社）、2020）

『SCRUM BOOT CAMP THE BOOK【増補改訂版】―スクラムチームではじめるアジャイル開発―』（西村直人・長瀬美穂・吉羽龍太郎 共著、翔泳社、2020）

『アジャイル開発とスクラム　第 2 版　戦略・技術・経営をつなぐ協調的ソフトウェア開発マネジメント』（平鍋健児・野中郁次郎・及部敬雄、翔泳社、2021）

『実務で役立つ WBS 入門』（Gregory T. Haugan 著、伊藤 衡 翻訳、翔泳社、2005）

引用図書

引用 1）『思考法図鑑―ひらめきを生む問題解決・アイデア発想のアプローチ 60―』（株式会社アンド、翔泳社、2019）

引用 2）「DIAMOND　ハーバード・ビジネス・レビュー　2022 年 2 月号」（ダイヤモンド社、2022）

オンラインの参考資料

特定非営利活動法人　日本プロジェクトマネジメント協会 P2M 概要について
https://www.pmaj.or.jp/p2m/index.html

IPMA®（international project management association）の ICB について
https://www.ipma.world/individuals/standard/

〈著者略歴〉

広兼　修 （ひろかね　おさむ）

株式会社フュージョン　代表取締役社長
米国 PMI 認定 PMP
IT コーディネータ（経済産業省推進資格）
公認システム監査人
東京都立新宿高等学校卒
東京工業大学大学院修士課程卒

外資コンサルティング会社にて、企業で利用するコンピュータシステムの構想・設計・開発に従事。その後、外資 ERP ベンダーにてコンサルティング部門の立上げ、販売・物流ソフトウェアの導入責任者として従事。
1999 年、株式会社フュージョンを設立。業務およびシステムのコンサルティング、プロジェクト管理支援、IT 戦略立案、企業の CIO 補佐などを中心に活動を行う。
https://www.future-vision.co.jp/
E-Mail：hirokane@future-vision.co.jp

- 本書の内容に関する質問は、オーム社ホームページの「サポート」から、「お問合せ」の「書籍に関するお問合せ」をご参照いただくか、または書状にてオーム社編集局宛にお願いします。お受けできる質問は本書で紹介した内容に限らせていただきます。なお、電話での質問にはお答えできませんので、あらかじめご了承ください。
- 万一、落丁・乱丁の場合は、送料当社負担でお取替えいたします。当社販売課宛にお送りください。
- 本書の一部の複写複製を希望される場合は、本書扉裏を参照してください。

JCOPY ＜出版者著作権管理機構　委託出版物＞

プロジェクトマネジメント標準 PMBOK 入門
― PMBOK 第 7 版 対応版―

2005 年　11 月 25 日	第 1 版第 1 刷発行
2010 年　 1 月 25 日	第 2 版第 1 刷発行
2014 年　 3 月 25 日	第 3 版第 1 刷発行
2018 年　 3 月 15 日	第 4 版第 1 刷発行
2022 年　11 月 25 日	第 5 版第 1 刷発行
2024 年　 1 月 10 日	第 5 版第 2 刷発行

著　　者　広兼　修
発 行 者　村上和夫
発 行 所　株式会社 オーム社
　　　　　郵便番号　101-8460
　　　　　東京都千代田区神田錦町 3-1
　　　　　電話　03(3233)0641(代表)
　　　　　URL　https://www.ohmsha.co.jp/

組版　トップスタジオ　　印刷・製本　図書印刷
ISBN978-4-274-22949-7　Printed in Japan

本書の感想募集　https://www.ohmsha.co.jp/kansou/

本書をお読みになった感想を上記サイトまでお寄せください。
お寄せいただいた方には、抽選でプレゼントを差し上げます。